What

Is

Life

［奥］埃尔温·薛定谔（Erwin Schrödinger）◎著

何玲燕◎译　马岱姝◎绘

生命是什么

（插图珍藏版）

湖南文艺出版社
HUNAN LITERATURE AND ART PUBLISHING HOUSE　博集天卷
CS-BOOKY

基于 1943 年 2 月在都柏林三一学院所做的演讲，
此系列演讲由都柏林高等研究院资助。

谨以此纪念我的父母

目　录

第二章

遗传机制

第三章

突变

序言

人们认为，科学家对某些学科有着全面透彻的第一手知识，因此通常不会就他不精通的论题著书立说。这就是所谓"贵族义务"[1]。为了写作本书，我恳请放弃这"贵族"身份，如果有的话，从而卸下随之而来的重任。

我的理由如下：我们对统一的、无所不包的知识有着热切的渴望，这是我们从祖辈那里继承来的。最高学习机构（即大学[2]）的名称提醒我们，从古至今多少个世纪以来，只有那些具有普遍性的东西才能获得全然的肯定。然而，在过去一百多年中，各种知识分支在广度和深度上的拓展使我们陷入了一种怪异的困境。我们清晰地感受到，一方面，我们现在才刚刚开始获得可靠的材料，以

---

[1] noblesse oblige，来自古典法语，身为贵族，除了享有特权，也应履行与其地位相匹配的社会责任。引申为"地位越高，责任越大"。——译者注

[2] 在英语中，"大学"（university）和"普遍性"（universe）是由同一个词根衍生出来的。——译者注

便把所有已知的东西整合进一个统一的体系；但另一方面，个人想要超越某个狭窄的专业领域，掌握全面的知识，也变得几乎不可能了。

要想摆脱这个困境，除非我们中的某些人愿意冒着出丑的风险，对理论和事实进行整合，即使他对这些领域的认识是二手的、不完备的。否则，我们真正的目标永远也实现不了。

以上就是我对自己的辩解。

语言的障碍不容忽视。一个人的母语就像一件非常合身的衣服，如果因为恰巧不在手边而不得不用别的衣服替代，他一定感到不太自在。所以，我要感谢英克斯特博士（都柏林三一学院）、巴德赖格·布朗博士（梅努斯圣帕特里克学院），还有 S. C. 罗伯茨先生。他们费了很大的劲儿才使这件新衣服变得合身，而我有时不愿放弃自己的一些"独创性"表述方式，给他们增添了不少麻烦。如果书中还留下了一些这类"独创性"表述，那么责任在我，不在他们。

书中许多小节的标题原本只是打算作为页边摘要的，每一章的正文应连着读下去。

E. 薛定谔

都柏林 1944 年 9 月

自由的人绝少想到死：
他的智慧不是死的默念，
而是生的沉思。

——斯宾诺莎，《伦理学》，第四部分命题六十七

第一章

经典物理学家对
这个主题的探讨

WHAT IS LIFE ?

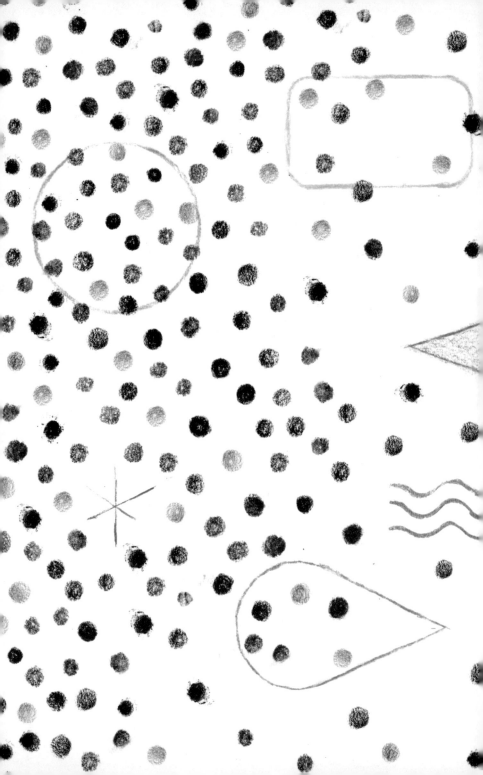

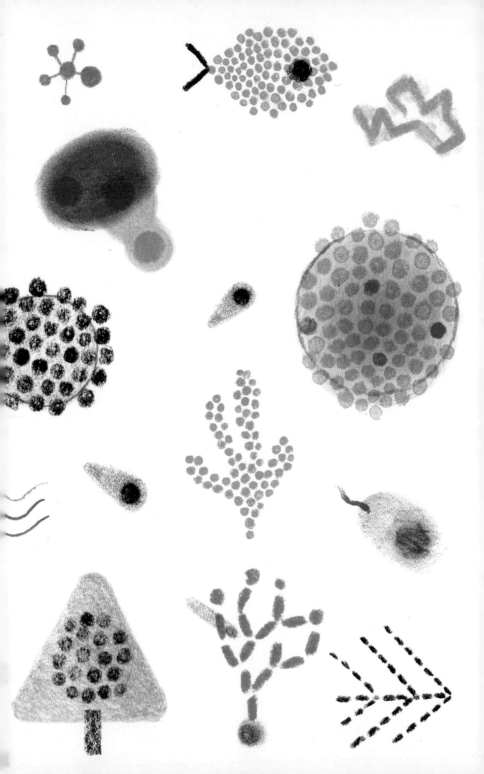

我思故我在。

——笛卡儿

这项研究的总体特性及目标

　　这本小册子源于一位理论物理学家面对大约四百名听众所做的一系列公开演讲。尽管一开始就提出警告——这个主题很难，即便不怎么使用物理学家最令人生畏的武器——数学演绎法，也称不上通俗易懂。听众却没有明显减少。不太使用数学演绎法，并不是因为这个主题太简单，不用劳数学大驾。相反，正因为它牵涉太广，单凭数学语言难以应对。另一个让此演讲至少看上去较为大众的特征是，演讲者试图把徘徊于生物学和物理学之间的基本概念阐述清楚，让生物学家和物理学家都能理解。

　　实际上，尽管涉及多种主题，这本小册子想传递的想法只有一个——对一个重大问题做一点评论。为了避免走上歧路，有必要先简要梳理一下整本书的框架。

关于这个重大问题，已经有过许多讨论：发生在有机生命体内部的时空事件，要如何用物理和化学理论来解释？

这本小册子力求阐明并论证的初步结论可概括如下：

目前的物理学和化学显然无法解释这些事件，但这完全不意味着物理学和化学不可能解释它们。

统计物理学　结构上的根本差别

如果仅仅是为了激起未来实现过去未实现之事的希望，那这个评论就微不足道。不过，它的意义要积极得多，即物理学和化学对这些事件的无能为力迄今已得到充分说明。

由于生物学家——尤其是遗传学家——在过去三四十年中的创造性工作，我们对有机体真实的物质结构及其功能有了足够了解，可以准确地指出，为什么现今的物理学和化学无法解释发生在生命有机体内部的时空事件。

一个有机体最具活力的那些部分的原子排列及其相互作用，与迄今为止物理学家和化学家视作他们实验和理论研究对象的原子排列存在根本差异。然而，我所说的这个根本差异，除了对物理学和化学定律完全基于统计学这一点有透彻了解的物理学家，其他人很可能不以为意。[1] 因为从统计学的角度来看，有机体中最具活力部分的结构完全不同于物理学家和化学家在实验室处理或者在书桌前思考的任何物质的结构。[2] 因此，将以这种方式发现的物理学、化学法则和定律直接应用于那些结构并不遵循这些法则和定律的系统的行为是难以想象的。

　　我们甚至不能指望非物理学家理解——更不用说欣赏——我方才用抽象术语表述的"统计结构"上的差异性。为了使表述更加生动有趣，我先透露一下之后会详细解释的内容，即活细胞最重要的部分——染色体纤丝，我们可以恰当地称之为非周期性晶体。在物理学中，迄今为止我们只处理过周期性晶体。对一位谦卑的物理学家来说，这些周期性晶体已经是非常有趣又复杂的研究对象了；它们组成了最迷人、最复杂的物质结构之一，由此，

---

[1] 这种说法可能过于笼统了。对这个问题的讨论详见本书结尾部分，"时钟的运动""能斯特定律"。——作者注

[2] F. G. 唐南在两篇很具有启发性的论文里强调过这个观点。参见 F. G. Donnan, *Scientia*, XXIV, no. 78（1918），10（'La science physico-chimique decrit-elle d'une façon adéquate les phénomènes biologiques？'）；*Smithsonian Report for 1929*, p. 309（'The mystery of life'）. ——作者注

即便是无生命的大自然也够令人捉摸不透了。然而，在非周期性晶体面前，它们就变得相当简单且乏味了。这种结构上的差异如同普通壁纸和刺绣杰作之间的差异，前者只是循环重复同一花纹，后者，比如拉斐尔挂毯，表现出的不是沉闷的重复，而是精致、意涵丰富且前后贯通的大师级设计。

上文提到将周期性晶体看作研究中最为复杂的对象之一时，我想到的是严格意义上的物理学家。事实上，有机化学家在研究日趋复杂的分子时，已经非常接近"非周期性晶体"了，而"非周期性晶体"，在我看来，正是生命的物质载体。因此，有机化学家已经在生命问题上做出了重大贡献，而物理学家却几乎毫无建树，也就不足为奇了。

一位朴素的物理学家对这个主题的探讨

在简要阐明我们这项研究的总体观点，或者不如说是最终范围之后，我再说说研究思路。

我想先解释一下什么叫"一位朴素的物理学家关于有机体的观点"，即这样一位物理学家可能会产生的观点：他在学习了物理学尤其是这门科学的统计学基础理论之后，开始思考有机体及其运行方式，他认真地问自己，是否可以从自己学到的东西中，从他所专攻的这门观点相对简明、清晰、朴素的科学出发，对这个问题做出有意义的贡献。

事实证明他可以。接下来就是将他的理论预期与生物学事实做比较。结果将表明，尽管他的观点总体上似乎很合理，但需要做明显的修改。通过这种方式，我们将逐步接近正确的观点，或者更谨慎地说，我认为正确的观点。即使我的观点是正确的，我也不确定我的思路就是最好、最简单的。但它毕竟是我的。这位"朴素的物理学家"就是我自己。除了我这条曲折的道路，我找不到通往目标更好、更简洁的思路了。

为什么原子如此之小？

要阐述"朴素的物理学家的观点"，我们可以从这个古怪的、近乎滑稽的问题开始——为什么原子如此之小？首先，它们确实很小。我们日常生活中遇到的每一小块物质都由大量原子组成。为了帮助听众理解这一事实，科学家设计过许多例子，其中最让人印象深刻的莫过于开尔文勋爵[1]用的那个：假设你可以给一杯水中的所有水分子标上记号；然后把这杯水倒入海里，充分搅拌，使被标记的水分子均匀地分布在七大洋中。你从海洋中任意位置舀起一杯水，就会发现水杯中大概有 100 个被标记的水分子。[2]

原子的实际尺寸[3]介于黄光波长的 1/5000 到 1/2000 之间。这个对比很重要，因为这个波长范围基本代表了显微镜能分辨的最小微粒的尺寸。你会看到，如此小的微粒竟包含了几十亿个原子。

那么，为什么原子如此之小？显然，这么问是在回避。因为这个问题并不是真的在问原子的大小。这个问题真正关心的是有

---

[1] 开尔文（1824—1907），英国物理学家、发明家。他对物理学的主要贡献在电磁学和热力学方面，是热力学的主要奠基者之一。热力学温标开尔文（K）就是以他的名字命名的。——译者注

[2] 你当然不会正正好好舀出 100 个分子，有可能是 88 个、95 个、107 个或 112 个，但不太可能少到 50 个，或者多到 150 个。"偏差"（或者说"波动"）预计为 100 的平方根，也就是 10。统计学会这样表述：100±10 个分子。这点我们先暂时放一放，之后会把它当作统计学的 $\sqrt{n}$ 律的一个例子再次提及。——作者注

[3] 根据当下的观点，原子并没有清晰的边界，所以一个原子的"大小"并不是很明确的概念。但我们还是可以根据固体或液体中原子中心之间的距离确定它（或者也可以替换之，如果你愿意的话）。不过不能根据原子在气体中的状态去确定，因为在正常的压力和温度下，原子的大小大概是正常情况的十倍还要多。——作者注

机体的大小，尤其是我们自己身体的大小。确实，相比我们自身的长度单位，例如码[1]或是米，原子真的很小。在原子物理学中，我们通常使用的计量单位是埃（Å），即 10^{-10} 米，用十进制表示就是 0.000 000 000 1 米。原子的直径为 1—2Å。那些民用长度单位(与之相比，原子显得如此之小)和我们的身体大小密切相关。码的由来可以追溯到一位英国国王的幽默故事，他的大臣问他要使用什么单位。国王伸出胳膊，说道："从我胸口到指尖的距离就可以。"不管是不是真的，这个故事对我们来说都很有意义。这位国王很自然地选择了可用自身长度去比拟的长度，他知道用别的会很不方便。虽然物理学家偏爱"埃"这个单位，但当定做新西装时，他还是喜欢别人告诉他要用 6.5 码而不是 650 亿埃的呢料。

因此，可以确定，我们的问题实际上是指向我们的身体和原子二者的长度之比，考虑到原子的独立存在先于身体这个无可争辩的事实，真正的问题便成了：和原子相比，我们的身体为何必须如此庞大？

可以想象，许多敏锐的物理或化学专业的学生可能会对这个

[1]　1 码约等于 0.9144 米。——编者注

事实深感遗憾：我们的每个感觉器官构成了身体的重要部分，而它们本身又由无数原子组成（鉴于上述巨大的比例），因此太过粗糙，单个原子的碰撞几乎无法对其产生影响。我们无法看到、感觉到或是听到单个原子。我们关于原子的假设和我们迟钝的感官的直观感受大相径庭，无法通过直接观察来检验。

一定是这样的吗？有没有内在原因？我们是否可以将这一事态追溯至某种第一原理，以便探明和理解为什么感官和这些自然规律如此不相容？

这一次，物理学家可以彻底厘清这个问题。上述所有问题的答案都是肯定的。

有机体的运作需要精确的物理定律

如果不是这样，如果我们作为有机体如此敏感，单个或几个原子就可以被我们的感官所察觉——天哪，生命将会是什么样貌！需要强调的一点是：那样的有机体绝不可能发展出有序的思维，并在经历一系列早期阶段之后，最终形成许多想法，其中之一就是原子的概念。

虽然我们只谈了感官，但下面所说的本质上也适用于除了大脑和感觉系统以外的器官功能。然而，对于自身，我们最感兴趣的是：我们有感觉，会思考和感知。对负责思维和感觉的生理过程而言，所有其他生理过程只不过起到了辅助作用，至少从人类的角度来看——而非从纯粹客观的生物学角度——是如此。此外，这极大地方便了我们选择与我们的主观活动密切相伴的过程进行研究，即使我们对这种密切相伴的本质并不了解。实际上，在我看来，这超出了自然科学的范畴，而且很可能超出了人类的理解能力。

于是，我们面临下面这个问题：为什么像我们大脑这样的器官（拥有依附于它的感觉系统）必须由大量原子组成，以保证物理状态的变化与高度发达的思想保持高度一致呢？作为整体或与环境直接相互作用的某个外围部分，上述器官的后一项任务基于哪些理由不同于精细灵敏到足以响应外界单个原子的碰撞的机械装置？

原因在于：我们所谓思想（1）本身是一种有序的东西，（2）只能应用于具有一定秩序的材料，即知觉或经验。这会导致两个结果。首先，和思想密切相关的身体组织（比如我的大脑之于我的思想）必须高度有序，这意味着身体组织内部发生的事件必须遵循严格的物理定律，至少要达到很高的精确度。其次，外界其他有机体对这个在物理意义上组织良好的系统所施加的物理作用，显然与相应思想的知觉和经验相对应，从而形成了我所说的思想材料。因此，我们的身体系统和其他系统之间的物理相互作用本身就必须具有一定的物理有序性，也就是说，它们也必须遵循严格的物理定律，达到一定的精确度。

物理定律以原子统计学为基础，因而只是近似的

仅由少量原子组成，对一个或几个原子的碰撞就很敏感的有机体，为什么无法实现这一切？

因为，我们知道，所有原子无时无刻不在进行着完全无序的热运动，可以说，这种热运动削减了原子自身行为的有序性，使得发生在少数原子间的事件无法显现出可识别的规律性。只有当数量巨大的原子协同作用时，统计规律才开始起作用，开始掌控这些原子集合体的行为，随着相关原子数量的增加，其精确度也会提升。正是通过这样的方式，这些事件获得了真正的有序性。

所有已知的在有机体的生命过程中发挥重要作用的物理和化学定律都属于这种统计学类型的定律，人们能想到的其他任何类型的规律性和有序性都会因受到原子不间断的热运动的持续干扰而失效。

物理定律的精确度基于大量原子的参与　第一个例子（顺磁性）

让我举几个例子来说明这一点，以下是我从众多例子中随机挑选的几个，可能对那些初次面对物质的这种情况的读者来说不是最有吸引力的——这在现代物理学和化学中是非常基础的概念，就像生物学中说有机体是由细胞构成的，或者天文学中的牛顿定律，甚至数学中的自然数列1，2，3，4，5这些事实一样。我们不能期待一无所知的初学者读了以下几页就能充分理解和领会这一主题。这个主题与路德维希·玻尔兹曼[1]和

---

[1] 路德维希·玻尔兹曼（1844—1906），奥地利物理学家、哲学家。他发展了统计力学，并且从统计意义上对热力学第二定律进行了阐述。他提出了著名的玻尔兹曼公式，用"熵"来度量一个系统的无序程度。——译者注

威拉德·吉布斯[1]这些杰出的名字有关，在教科书中被称为"统计热力学"。

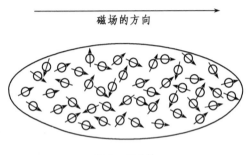

图1 顺磁性

如果往一个长方形石英管中注满氧气并将其放入磁场中，你会发现气体被磁化了。[2]这是由于氧分子是一些小的磁体，如同指南针一样，倾向于与磁场方向保持平行。但是，你一定别误以为它们实际上全都转向了与磁场平行的方向。因为，如果把磁场强度提高到原来的两倍，氧气的磁化程度也会加倍，这种比例关系可以持续到极高的磁场强度，磁化程度会随着你给出的磁场强度的增加而增加。

---

[1] 威拉德·吉布斯（1839—1903），美国物理学家、热力学理论体系的奠基人，实现了统计物理学从分子运动到统计力学的重大飞跃。——译者注
[2] 选择填充气体是因为气体比固体和液体更单纯；在这个案例中，磁化其实是非常微弱的，但这并不会削弱其理论假设。——作者注

这是纯粹统计定律中一个特别易懂的例子。磁场倾向于产生确定的指向，而随机指向的热运动会不断抵消它。这种相互抗衡最终导致偶极轴和磁场方向之间的夹角为锐角的概率略高于钝角。尽管单个原子不断改变指向，但平均而言，（由于它们数量庞大）上述情况略占优势：其指向与磁场方向一致，其强度与磁场强度成正比。这个巧妙的解释是由法国物理学家保罗·朗之万[1]提出的，可以用下面的方法来验证。如果我们观察到的弱磁化现象确实是这两种倾向相互竞争的结果，即力图驱使所有分子与其平行的磁场和导致随机指向的热运动之间的竞争，那么应该可以通过削弱热运动来增强磁化效果，也就是说，通过降低温度而非加强磁场。实验已经证实了这一点，磁化效果与绝对温度成反比，这与理论（居里定律）定量相符。现代设备甚至可以通过降低温度，将热运动降低到微不足道的程度，从而使得磁场的定向作用稳定下来，即使无法全部显现，至少足以显现相当比例的"完全磁化"。在这种情况下，我们不再期待磁化作用会随着磁场强度加倍而加倍，随着磁场增强，磁化作用增强的程度会越来越小，接近所谓"饱和"。这个期

---

[1]　保罗·朗之万（1872—1946），法国物理学家，以对顺磁性和抗磁性的研究而闻名。他发展了布朗运动的涨落理论，提出了朗之万方程。——译者注

待也在定量实验中证实了。

值得注意的是，这种行为完全依赖于分子共同作用产生可观察到的磁化现象的巨大数量。否则，磁化绝不会是一个常量，而是会不断发生不规则波动，见证热运动与磁场之间此消彼长。

第二个例子（布朗运动，扩散）

如果把微小液滴组成的雾气装满一个密闭的玻璃容器，你会发现雾的上边界逐渐下沉（如图2），下沉速度与空气的黏度和液滴的大小、比重有关。但是，如果你在显微镜下观察其中一个小液滴，你会发现它并不是以恒定的速度下沉，而是很不规则地运动，即所谓布朗运动（图3）。只有总体来看，才相当于规则的下沉运动。

这些液滴并不是原子，但它们既小又轻，对于持续撞击其表面的单个分子并非全无反应。它们就这样撞来撞去，只有整体来看，才显现出重力的影响。

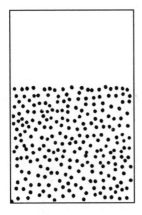

图 2　沉向下方的雾气

图 3　下沉液滴的
布朗运动轨迹

　　这个例子表明，如果人类的感官也能感受到区区几个分子的碰撞，那么我们将会获得多么有趣而混乱的体验。像细菌和其他一些有机体，体积如此之小，容易受到这种现象的强烈影响。它们的运动只能由周围分子的热运动决定，身不由己。如果自身可以运动，它们有可能成功地从一处移动到另一处——但这会有点困难，由于热运动，它们就像是在汹涌大海上颠簸的一叶孤舟。

　　扩散是与布朗运动极为相似的一种现象。想象一下，在一个装满液体——比如水——的容器中，加入少量有色物质，比如高锰酸钾，使其浓度不均匀，如图4所示，其中小点表示溶质分子（高锰酸钾），浓度从左到右递减。如果你不去理会这个系统，那么它就会开启非常缓慢的"扩散"过程，高锰酸钾将从左向右，即从高浓度区域向低浓度区域扩散，直至均匀分布在水中。

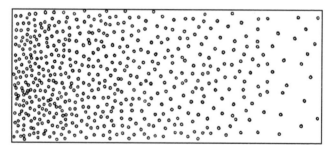

图 4　在浓度不均匀的溶液中从左向右扩散

　　这个过程非常简单，显然有些无趣，但值得注意的是，这绝不像有人可能以为的那样，是由于某种趋势或外力驱使高锰酸钾分子从高浓度区域移动到低浓度区域，就如同一个国家的人口流动到更地广人稀的地区。高锰酸钾分子没有遭遇任何类似的事情，它们每一个的行为都完全独立，很少发生碰撞。无论是在高浓度区域还是在低浓度区域，每一个高锰酸钾分子都面临相同的命运——遭受水分子的持续撞击，缓慢地向不可预知的方向运动，一会儿朝着高浓度方向，一会儿朝着低浓度方向，一会儿斜着移动。这就好比一个被蒙住双眼的人，站在一大片空地上，有着强烈的"行走"欲望，但并不偏好特定的方向，因而会不断地改变路线。

每个高锰酸钾分子都这样随机运动，但在总体上却呈现为规则地朝浓度较低的方向流动，最后分布均匀。这乍看起来令人费解，但仅仅是乍看起来。如果你把图4想象成一层层浓度近乎恒定的薄片，在给定时刻，某一薄片所包含的高锰酸盐分子，由于随机运动，确实有相等的概率移到薄片左边或右边。正是由于这个原因，两个相邻薄片的平面会更多地被来自左边的分子穿过，仅仅因为左边比右边有更多分子参与了随机"行走"。只要是这种情况，平衡就会显示为从左到右的规则流动，直至均匀分布。当这些考虑被翻译为数学语言，扩散定律就可以用偏微分方程来精确表述。

$$\frac{\partial p}{\partial t} = D\nabla^2 P$$

我并不打算解释这个方程，省得折磨读者，尽管它的含义用普通语言来表述也足够简单。[1]这里之所以提及严格的"数学上的精确"定律，是为了强调物理上的精确性必定会在每个具体的应用中受到挑战。因为建立在纯偶然的基础上，它的有效性只是近似的。如果这通常是一个非常好的近似，那仅仅是因为扩散现象中有不计其数的分子协同合作。可想而知，参与的分子数量越少，偶然的偏差就越大，在合适的条件下可以观察到这种偏差。

第三个例子（测量准确性的极限）

最后这个例子和第二个有些类似，但它具有特殊意义。悬挂在细长纤维上并保持平衡的轻巧物体常常被物理学家用来测量使物体偏离平衡位置的弱力，例如利用电力、磁力或重力使物体相对于垂直轴发生偏转。（当然，必须根据具体目的来选择恰当的

---

[1] 即任何一点的浓度都以一定的时间速率增加（或减少），这个时间速率与该点周围无穷小环境中浓度超出（或少于）该点的程度成正比。顺便提一下，热传导定律的形式完全一样，只是要把"浓度"换成"温度"。——作者注

轻巧物体。）

在不断努力提高这种常用的"扭力天平"装置的精确度时，物理学家邂逅了一个奇妙的、本身非常有趣的极限。当物体变得越来越轻巧，纤维变得越来越细长时，天平对微弱外力的冲击越来越敏感。当悬挂的物体对周围分子的热运动做出明显反应，开始在其平衡位置附近跳起无休止的、不规则的"舞蹈"，就如同第二个例子中小液滴的颤动，就达到了极限。尽管这种行为不会给天平测量的准确性设置绝对极限，但在实践中却存在极限。不可控的热运动的影响和被测量的弱力作用相互竞争，使得观察到的单个偏转失去了意义。为了消除仪器的布朗运动效应，你得多做几次观察。在我们目前的研究中，这个例子特别具有启示性。因为，毕竟我们的感官也相当于一种仪器。当它们变得过于灵敏时，我们会看到它们就失灵了。

$\sqrt{n}$ 律

例子就举到这里吧。我想再补充一点，凡是有机体内部或有机体与环境相互作用过程中涉及的物理或化学定律，都可以作为例子。也许，详细解释起来会更复杂些，但要点都一样，继续赘述只会让人觉得索然无味。

但是，我还想补充一个非常重要的定量说明，用于描述任何物理定律都会有的不精确度，即$\sqrt{n}$律。我会先举一个简单的例子，再对其进行概括。

如果我告诉你，在一定的压力和温度条件下，某种气体具有一定的密度，或者说，在这种条件下，在一定体积内（大小跟特定实验有关）只有 n 个气体分子；你可能确信，如果可以在某个特定时间对我的说法进行检验，你会发现它并不精确，大约存在$\sqrt{n}$ 的偏差。因此，当 $n=100$ 时，你会发现偏差约为 10，相对误差为 10%。但是当 $n=10^6$ 时，你可能会发现偏差约为 1000，相对误差为 0.1%。现在，粗略地说，这个统计定律具有普遍性。物理和化学定律的不精确度，相对误差的范围在 $1/\sqrt{n}$ 量级内，这里的 n 代表分子数——在某一重要的时间或空间（或二者）范围内，确保该定律对某些理论和特定实验而言具有有效性而参与协作的分子数目。

由此，你会再次看到，无论是内在生活还是与外在世界的相互作用，要享受相当精确的定律，有机体必须具备相对较大的结构。否则，合作的粒子数量太少，这个"定律"就不精确。特别苛刻的要求是这个平方根。一百万是一个相当大的数目，但仅仅 1/1000 的精确度对保有"自然定律"的尊严来说是不太够的。

第二章

遗传机制

WHAT IS LIFE ?

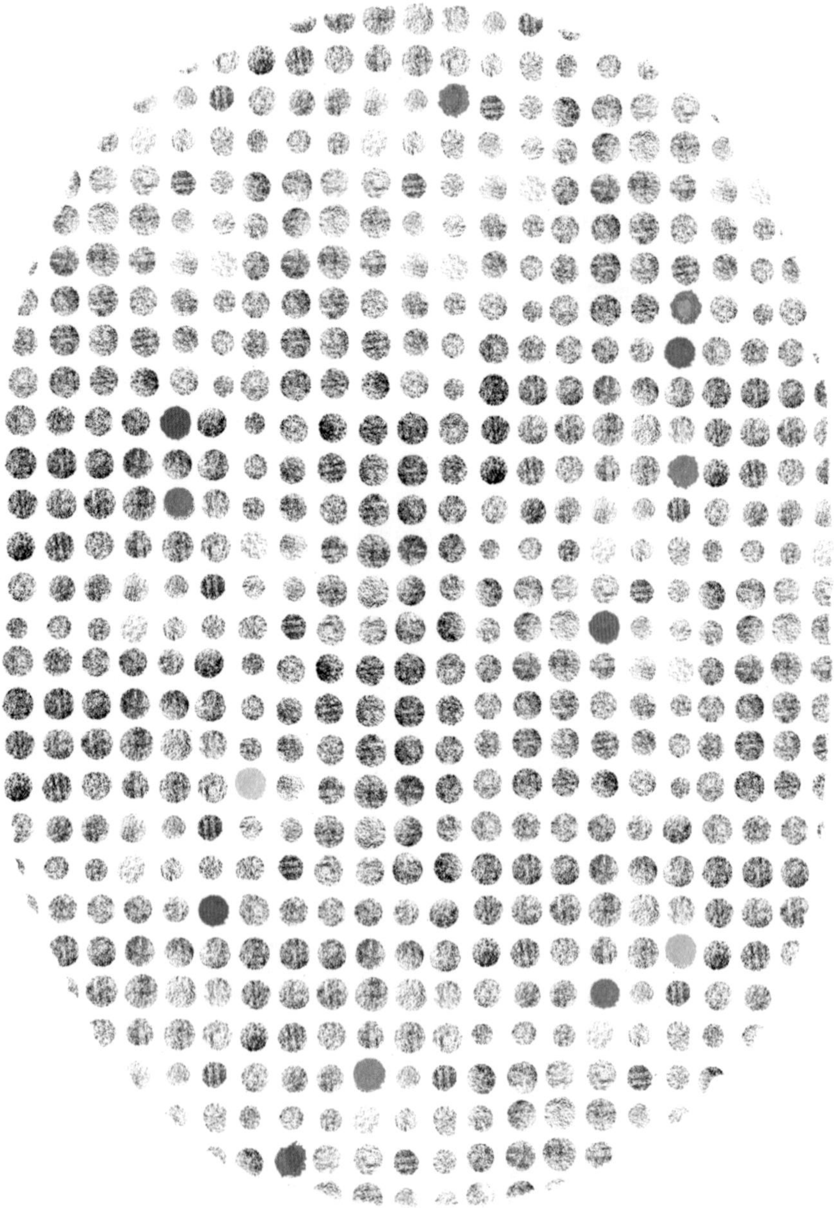

存在是永恒的，因为
法则保存了生命的宝藏，
宇宙用它们装饰自己。

——歌德

经典物理学家那些绝非无关紧要的预期是错误的

因此，我们得出结论，一个有机体及其所经历的生物学相关过程必须具有一种极其"多原子"的结构，必须防止偶发的"单原子"事件变得太过重要。"朴素的物理学家"告诉我们，这是必要的。这样一来，可以说，有机体才可能遵循足够精确的物理定律，实现规则有序而令人惊叹的运作。从生物学角度来看，这些通过先验知识（即纯粹的物理学视角）得出的结论，如何与现实的生物学事实相符？

乍看之下，人们倾向于认为这些结论无关紧要。比如，一位生物学家可能在三十年前就已经说过这些了。尽管一位通俗演讲者强调统计物理学在有机体中和在其他地方一样重要是非常合适的，但事实上，这一点可以说众所周知、不言自明。因为不仅是任何高等生物个体的成年躯体，构成躯体的每个单细胞都包含天文数字的各种单原子。我们观察到的每个特定生理过程，无论是在细胞内部，还是在细胞与其环境的相互作用中，似乎都涉及数量庞大的单原子和单原子过程（三十年前看上去是这样）。这保证了所有相关物理、物理化学定律的有效性，即使是在统计物理学关于"大数"的严格要求下；这个要求我在前面用 $\sqrt{n}$ 律解释过了。

如今，我们已经知道这种观点是错误的。正如我们即将看到的，在生命有机体内部，存在极其微小的原子团，小到不足以显示精确的统计规律，却在非常规律有序的事件中起着主导作用。它们控制着有机体发育出的可观察到的宏观性状，决定了有机体功能的重要特征；在所有这些情况下，生物定律都显现出了清晰严格的特性。

我必须简要地总结一下生物学的发展现状，尤其是遗传学方面，换句话说，我必须对一个我并不是很在行的学科的知识现状进行总结。这是不得不做的事；对于我将发表的这些外行话，请大家，尤其是生物学家见谅。另一方面，也请允许我向你们介绍一些主流观点，虽然这或多或少有些教条主义。不过，也不应指望一个外行的理论物理学家能对生物学实验证据进行充分调查，这些实验证据一方面来自大量旷日持久、巧妙交织、具有空前独创性的系列繁育实验；另一方面则来自最精密的现代显微镜对活细胞的直接观察。

遗传密码本（染色体）

　　生物学家所谓"四维模式"不仅意指有机体处于成年阶段或其他任何特定阶段的结构和功能，也意指有机体开始自我繁殖时，从受精卵发育到成熟阶段的整个过程。我在这个意义上使用有机体的"模式"一词。现在已经知道，整个四维模式由一个细胞即受精卵的结构决定。而且我们知道，它主要是由该细胞的一小部分——细胞核的结构决定。当细胞处于正常的"休眠状态"时，细胞核通常呈现为网状染色质[1]，分布于细胞内。但在极其重要的细胞分裂（有丝分裂和减数分裂，见下文）过程中，可以观察到它由一组通常呈纤维状或棒状的微粒组成，这些微粒称为染

---

[1]　这个词的意思是"能够被染色的物质"，即在显微技术中采用某种染色过程时会出现颜色的物质。——作者注

色体，其数目为 8 条或 12 条，在人身上则为 48[1] 条。不过，这些数字事实上应该写成 2×4，2×6……2×24……按照生物学家通常使用的严格表述，称为两套染色体。

虽然单个染色体有时可以通过形态和大小进行明确区分和辨认，但这两套染色体几乎完全相同。我们马上就会看到，其中一套来自母亲（卵细胞），另一套则来自父亲（精子）。正是这些染色体，或者说我们在显微镜下看到的被视作染色体的轴向骨架纤维，就像某种密码本，包含了个体未来发育及其成熟状态的功能的整个模式。每一套完整的染色体都包含全部密码；因此，构成未来个体最早阶段的受精卵细胞中通常有两份副本。

将染色体的纤丝结构称为密码本，我们的意思是，洞察一切的头脑——拉普拉斯设想的所有因果关系在它面前即刻展现[2]——可以根据卵的结构说出，在合适的条件下，它会发育成一只黑公鸡还是一只芦花母鸡，一只苍蝇还是一株玉米，一朵杜鹃花还是一只甲虫，一只老鼠还是一个女人。

对此，我们可以补充一点，卵细胞的外观往往非常相似；即

---

[1] 原文为 48 条，现在已经证明人类的体细胞染色体数目是 23 对。——译者注

[2] 拉普拉斯决定论，是由法国数学家皮埃尔 - 西蒙·拉普拉斯提出的，宇宙像时钟那样运行，某一时刻宇宙的完整信息能够决定它在未来和过去任意时刻的状态。——译者注

使不相似，比如鸟类和爬行动物的卵比较大，相关的差别甚至比不上卵细胞中那些显而易见的原因导致的营养物质的差别。

但是，"密码本"这个词显然太狭隘了。染色体的结构同时也有助于实现它所预示的发育。它们是法典和行政权力的统一，换个比喻，是建筑师的设计图纸和工匠手艺的统一。

身体靠细胞分裂（有丝分裂）生长

在个体发育[1]过程中，染色体是怎么起作用的？

有机体的生长受细胞连续分裂的影响。这种细胞分裂叫作有丝分裂。考虑到组成我们身体的细胞数量庞大，在单个细胞的生命中，有丝分裂并不像人们所想的那样频繁。起初，细胞数量增长迅速。卵细胞分裂成两个"子细胞"，下一步将变成 4 个，接着是 8 个，16 个，32 个，64 个，等等。在生长过程中，身体不同部位的细胞分裂频率并不完全相同，这会打破这些数字的规律性。但是，从它们的快速增长，我们借助简单计算可以推断出，

---

[1] 指个体在其生命周期内的发育，不同于系统发育，后者指物种在地质时期内的发展。——译者注

卵细胞只需要平均进行 50 或 60 次连续分裂，就足以产生一个成人的细胞数目[1]——或者说这个数目的 10 倍，如果把有生之年更替的细胞也考虑在内。因此，平均而言，我的一个体细胞只是我曾是的那个卵细胞的第 50 或 60 代"后裔"。

在有丝分裂中，每个染色体都被复制

在有丝分裂中，染色体是怎么起作用的？它们被复制了，两套染色体、两个密码本都被复制了。这个过程极其重要，我们已经在显微镜下做过深入研究。但它牵涉太广，无法在这里细说。重点是，两个"子细胞"都得到了与亲代细胞完全一样的两套完整的染色体。因此，所有体细胞具有完全一样的染色体。[2]

尽管对这个机制知之甚少，但我们不得不认为，它一定在某种程度上与有机体的功能密切相关，每一个细胞，即使无足轻重，应该都具有完整的（两份）密码本拷贝。前段时间，报纸上报道，

---

[1] 粗略估计，为 1000 亿到 10000 亿。——作者注
[2] 在这个简短的概述中，我没有提嵌合体这种例外情况，请生物学家原谅我。——作者注

在非洲的一次战役中，蒙哥马利将军明确指出，要详细告知他麾下每一个士兵他的全部作战计划。如果报道属实（考虑到他的军队的高智商和可信赖度，这是可以想象的），正好为我们的情况提供了一个绝妙的类比，其中相应的事实自然是真的。最令人惊讶的是，在整个有丝分裂过程中，有两套染色体保存了下来。这是遗传机制的突出特点，这一规律的唯一例外清楚地揭示了这一点，而这个例外是我们接下来要讨论的。

染色体数减半的细胞分裂（减数分裂）和受精（配子配合）

在个体开始发育后不久，有一组细胞保留了下来，用于在之后的阶段产生所谓配子，精子或卵细胞（视具体情况而定），以满足成熟个体繁殖所需。"保留"意味着这组细胞在此期间不做其他用处，经历有丝分裂的次数少很多。除此之外，这些细胞还会进行减数分裂。通过特殊的减数分裂，这些保留细胞最终在成熟时产生配子，这通常发生在配子受精前很短的时间。在减数分裂中，亲代细胞的两套染色体简单地分成两组，其中一组进入两个子细胞（配子）。配子是指生物进行有性繁殖时由生殖系统所产生的成熟性细胞。换句话说，有丝分裂中染色体数目加倍的情况不会发生在减数分裂中，后者染色体数目保持不变，每个配子只接收到一组染色体，即只有一个而非两个完整的密码本。例如，人只有 24 个，而不是 2×24=48 个。

只含有一组染色体的细胞称为单倍体（来自希语 $\alpha\pi\lambda o\hat{v}\zeta$，意为单一）。因此，配子是单倍体，而普通的体细胞则是二倍体（来自希语 $\delta\iota\pi\lambda o\hat{v}\zeta$，意为双倍）。偶尔会出现体细胞含有三组、四组或者多组染色体的个体；后面这种情况称为三倍体、四倍体或者多倍体。

在配子配合的过程中，雄配子（精子）和雌配子（卵细胞）都是单倍体细胞，结合而成的受精卵细胞则为二倍体。其中一组染色体来自母体，另一组来自父体。

单倍体个体

还有一点需要修正。虽然对我们的目的并非必不可少，但它具有实际意义，因为它表明，实际上每一组染色体都包含一个相当完整的"模式"密码本。

在某些情况下，细胞减数分裂后并不立即受精，其间单倍体细胞（"配子"）经历了许多次有丝分裂，从而形成一个完整的单倍体个体。雄蜂就是一个例子。它是由蜂后未受精的单倍体卵细胞发育而来，属于孤雌生殖。雄蜂是没有父亲的！它所有的体细胞都是单倍体。你不妨把它看作一个非常夸张的精子，事实上，众所周知，交配恰好就是它生命中唯一的任务。不过，这样说或许有些愚蠢可笑。因为这种情况并不罕见。在植物界，有些科通过减数分裂产生单倍体配子，称为孢子，孢子落到地上，就像种子一样，会发育成真正的单倍体植物，大小与二倍体植物相当。图5是我们熟知的生长在森林中的苔藓的草图。长有叶子的底部是单倍体植物，称为配子体。它在顶端发育出了性器官和配子，通过互相受精以常规方式生成二倍体植物，裸露的茎顶端有囊。在顶端的囊中，细胞通过减数分裂产生了孢子，因此这个二倍体植物被称为孢子体。当这个囊张开时，孢子落到地上，发育成有叶片的茎，以此类推。这一事件序列被恰当地称为世代交替。如果你愿意，你也可以用同

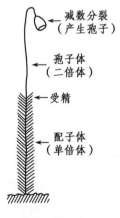

减数分裂
（产生孢子）

孢子体
（二倍体）

受精

配子体
（单倍体）

图 5 世代交替

样的方式看待人和动物。不过，"配子体"通常是寿命非常短暂的单细胞世代精子或卵细胞（视情况而定）。我们的身体对应于孢子体，保留的细胞就是我们的"孢子"，通过减数分裂产生单细胞世代。

减数分裂的显著相关性

在个体生殖过程中，起决定性作用的重要事件不是受精过程而是减数分裂。一组染色体来自父体，另一组来自母体，偶然和命运都无法干预。每个人[1]的遗传物质一半来自母亲，一半来自父亲。至于父系占优势还是母系占优势，应归为另外的原因，我们后面会谈到。（当然，性别本身就是这种优势最简单的例子）。

但是，当你将遗传谱系追溯到你的祖父母时，情况就不同了。让我们把注意力放在我父亲那套染色体上，尤其是其中一条，比如 5 号染色体。这是我父亲要么从他父亲那里要么从他母亲那里得到的 5 号染色体的忠实复制品。1886 年 11 月，我父亲体内发

---

[1] 每个女人也完全如此。为了避免啰唆，我在这个总结中排除了性别决定和性别相关特性（例如所谓色盲）这一很有意思的领域。

生了减数分裂，产生了一个精子。几天后，这个精子在我的诞生过程中发挥了作用。而这个精子所包含的 5 号染色体源自我祖父或祖母的概率是 50 : 50。我父亲那套染色体中的第 1、2、3……24 号都有同样的故事；做些必要的修正，这个故事也适用于我母亲的每一条染色体。此外，所有 48 条染色体都是完全独立的。即使已知我父亲的 5 号染色体来自我祖父约瑟夫·薛定谔，他的 7 号染色体仍然有均等的概率要么来自我祖父，要么来他的妻子玛丽，她的娘家姓博格纳。

交叉互换　特性定位

前面的描述默认甚至明确承认，特定染色体作为一个整体，或者来自祖父，或者来自祖母；也就是说，单个染色体未经分割，完整地遗传下去。然而，事实并不是或者并不总是如此。祖父母的遗传特性在后代身上混合的概率比前文描述所预示的要高。比如在父亲体内，在减数分裂中被分开之前，任何两个同源染色体彼此紧密相连，有时会以图 6 所示的方式交换整个片段。这个过程叫作"交叉互换"。位于该染色体不同部位的两个特性将分散

在孙辈身上，孙辈将在一种
特性上遵循祖父，在另一种
特性上遵循祖母。交叉互换
行为既不太罕见，也不太频
繁，它为我们提供了有关
染色体中性状定位的宝贵信

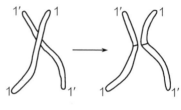

图 6 交叉互换

左：连在一起的两条同源染色体
右：交换与分离之后

息。如果要解释得更详细，我们就得提前引用下一章要介绍的概
念（如杂合、显性等）。但这样就会超出这本小册子的讨论范围，
所以我就挑重点讲一下。

如果没有发生交叉互换，同一染色体负责的两个性状将总是
一起传递，不会出现后代继承其中一个性状却没有继承另一个的
情况；但当位于不同的染色体上，两个性状要么以 50∶50 的概
率分开，要么总是分开——当两个性状位于同一祖先的同源染色
体上时，它们永远不会一起传给后代。

交叉互换干扰了这些规则和概率。因此，通过在为此合理设
计的长期育种实验中，详细记录后代性状的百分比组成，可以确
定这一事件的概率。在分析统计数据时，人们接受了一个建议性
的工作假设：位于同一染色体上的两个性状之间的"连锁"被交
叉互换打断的次数越少，它们越靠近彼此。这样一来，它们之间

形成交换点的可能性较小，而位于染色体两端的性状在每次交叉互换中都会被分开。（这同样适用于位于同一祖先的同源染色体上的性状的重组。）通过这种方式，人们可以期待从"连锁统计"中获得每条染色体的"性状分布图"。

这些预期已经得到充分证实。在完全应用试验的那些案例中（主要是，但不仅是果蝇），实际上依据不同的染色体（果蝇中有四条），被试性状分成了很多组，组与组之间不存在连锁。每一组都可以绘制出一幅线性的性状分布图，定量说明该组内任何两个性状之间的连锁程度。因此，毫无疑问，这些特性的位置实际上是确定的，就像染色体的棒状结构一样排列在一条线上。

当然，这里提出的关于遗传机制的方案仍然是非常空洞呆板的，甚至有些幼稚。因为我们还没有说明我们理解的性状到底是什么。把本质上是一个"整体"的有机体模式切分成不连续的"性状"，似乎既不妥当，也不实际。现在，在一个具体例子中，我们实际上说的是，一对祖先在某一具体的方面彼此不同（比如，一个是蓝色眼睛，另一个是棕色眼睛），他们的后代在这方面继承其中一方的特征。我们在染色体上定位的就是这个差异的位置。（专业术语称之为"基因座"，或者假设它背后的物质结构"基因"。）在我看来，性状的差异其实是比性状本身更基本的概念，尽管这种说法存在明显的逻辑和语义矛盾。性状的差异实际上是不连续的，在下一章讲突变时我们会谈到。希望会为迄今所呈现的沉闷方案增添一些活力和色彩。

基因的最大尺寸

我们刚刚介绍了基因这一术语，即某一确定的遗传特征的假设性物质载体。现在，我必须强调两点，这与我们的研究高度相关。首先是这种载体的尺寸，更确切地说，它的最大尺寸；换句话说，我们可以在多小的空间内定位它。其次是基因的持久性，这要从遗传模式的持续时间推断出来。

关于基因的尺寸，有两种完全独立的估算方法，一种基于遗传学证据（繁育实验），另一种基于细胞学证据（直接的显微镜观察）。第一种方法在原理上很简单。按照上面讲过的方法，把大量不同的（宏观）性状（以果蝇为例）定位到特定的染色体上，我们只要将测量的该染色体的长度除以性状的数量，再乘以染色体的横截面面积，就可以得到所要的估值。当然，由于我们只把那些因交叉互换而偶然分离的性状视作不同性状，所以不能认为它们具有相同（微观的或分子的）结构。另一方面，显然我们的估算只能给出最大尺寸，因为遗传分析分离出来的性状数量会随着研究工作的进展而不断增加。

另一种估算方法虽然基于显微镜观察，但实际上远没有那么直接。由于某种原因，果蝇的某些细胞（唾液腺细胞）会增大许多，其染色体也是如此。你可以分辨出其中横穿纤维的深色条纹的密集图案。C. D. 达林顿（C. D. Darlington）曾指出，虽然这些条纹的实际数量（在他的例子中是2000条）要大出许多，但与通过育种实验定位于该染色体上的基因数大致在同一数量级。他倾向于认为这些条纹代表了实际的基因（或基因的分离）。将正常大小细胞的染色体长度除以条纹数目（2000），他发现一个基因的体积相当于核长为300埃的立方体。考虑到这种估算方法的不精确性，我们认为它与第一种方法得到的体积相同。

小数目

下面我们来详细谈谈，统计物理学与我回忆起的这些事实的关系——或许应该说，这些事实与统计物理学在活细胞中的应用的关系。但是，在这点上，我们要注意一个事实，在液体或固体中，300 埃只有大约 100 或 150 个原子的距离，因此，一个基因包含的原子数肯定不会超过一百万或几百万个。这个数字太小了（从 $\sqrt{n}$ 的角度），不足以体现为有序、有规律、合乎统计物理学的行为——这意味着合乎物理学。即使所有这些原子的角色都相同，就像在气体或液滴中那样，这个数字也还是太小了。而基因绝非只是均匀的液滴。它可能是一个大的蛋白质分子[1]，其中每个原子、每个基、每个杂环都各自发挥着独立的作用，而不同于其他类似的原子、基或杂环所发挥的作用。这至少是霍尔丹和达林顿等前沿遗传学家的观点，我们马上就会提到一些差不多证明了这个观点的遗传学实验。

持久性

现在我们来看第二个与我们的研究高度相关的问题：遗传性状呈现出了何种程度的持久性，以及携带这些性状的物质结构因

---

[1] 现在已经知道，基因是 DNA 序列。——译者注

此必须具备什么样的性质？

回答这个问题无须做专门的研究。我们谈论遗传性状这一事实就表明我们认为这种持久性几乎是绝对的。我们不会忘记，父母遗传给孩子的不仅仅是这个或那个性状，比如鹰钩鼻、短手指、风湿病倾向、血友病、二色性色盲等。我们可以很方便地选择这些性状来研究遗传规律，但实际上，它是"表型"的整体（四维）模式，"表型"即个体身上可见的、明显的性质，这些性质在几代人之间复制，没有明显的变化，在几个世纪内保持不变——尽管不能说几万年不变——并且承载于每一次传递中结合形成受精卵细胞的两个细胞中细胞核的物质结构。这是一个奇迹。只有一个奇迹比它更伟大，尽管与它密切相关，却属于不同的层面。我想说的是这样一个事实，尽管我们的存在完全基于这种奇迹般的相互作用，但我们有能力获取关于这种奇迹的知识。我认为，这种知识有可能达到的高度完全不逊于对第一个奇迹的完备理解。第二个奇迹可能超出了人类的理解能力。

第三章

突变

WHAT IS LIFE ?

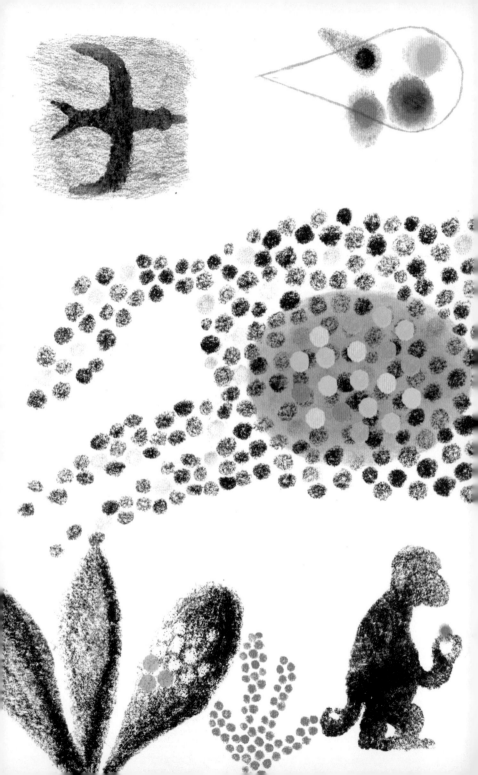

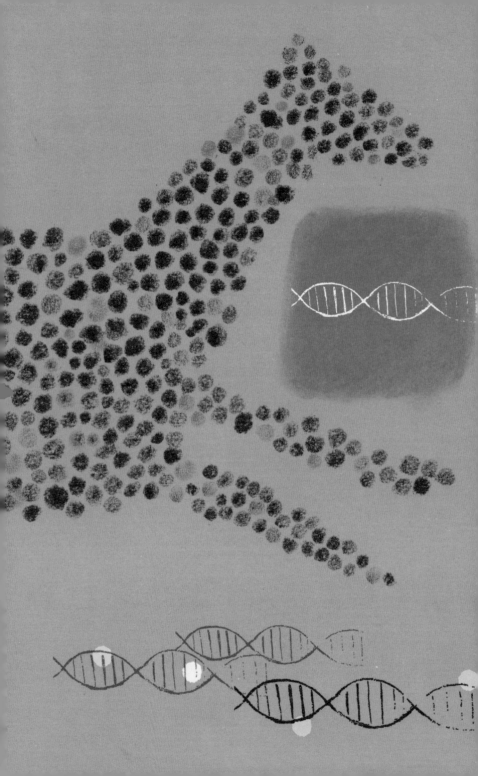

在变幻的现象中徘徊之物，
以永恒的思想将其固定。

——歌德

"跳跃式"突变——自然选择的作用基础

前面提到的作为基因结构所要求的持久性证据的一般事实，对我们来说可能太熟悉了，因而并不引人注目或让人觉得有说服力。这一次，俗语"例外证明了法则的存在"实际上是正确的。如果亲代之间在性状上的相似性没有例外，我们无法设计出巧妙的实验来揭示遗传的详细机制，更不会发现大自然那巧妙百万倍的豪华实验，后者凭借"自然选择"和"适者生存"锻造物种。

让我们把最后一个重要主题作为呈现相关事实的出发点——再次道歉并提醒大家，我不是一个生物学家。

如今，我们明确知道，达尔文错误地把在最同质的群体中也必然会发生的细微、连续、随机的变异当成了自然选择施加作用的原始材料。因为已经证实，这些变异不会被遗传。这个事实很重要，有必要简单说明一下。如果你拿来一捆纯种大麦，逐穗测量麦芒长度，然后把统计结果制成图表，你会得到一条钟形曲线，如图7所示，它显示了长有特定麦芒长度的麦穗数量与麦芒长度之间的关系。由图可知，麦芒长度中等的麦穗居多，麦芒偏长或偏短的麦穗数量都不同程度地变少了。现在，选出一组麦芒长度明显超过平均值的麦穗（图中标黑那组），数量足以在田里播种并长出新的作物。对新长出的大麦做同样的统计，达尔文会期待得到一条相应右移的曲线。换句话说，他期待通过选择来增加麦芒的平均长度。然而，如果选用的是真正的纯种大麦，情况却并非如此。新的统计曲线和第一条曲线完全一样。如果选择麦芒特别短的麦穗作为种子，结果还是一样。选择没有起作用，因为微小、连续的变异不会被遗传。它们显然不是基于遗传物质的结构，而是偶然出现的。但是，大约四十年前，荷兰人德弗里斯（de Vries）发现，即使是完全纯种的种群，其后代中的极少数个体，大概万分之二或万分之三，会突然出现微小但是"跳跃式"的变化。之所以用"跳跃式"这个词，不是说这种变化非常显著，而是因为它的不连续性——在没有发生变化和发生变化的少数个体之间不存在过渡形式。德弗里斯称之为突变。不连续性这一事实很重要。这让物理学家联想到了量子论——两个相邻能级之间没有中间能量。他会倾向于把德弗里斯的突变理论比作生物学的量子理论。后面我们会看到这远不只是一个比喻，突变其实是由遗传分子的量子跃迁引起的。但是，当德弗里斯于1902年首次发表他的发现时，量子理论才两岁。所以毫不奇怪，这两者之间的紧密联系只能由下一代学者来发现了。

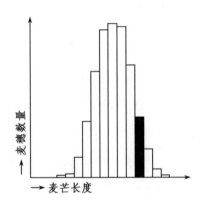

图7 关于纯种麦芒长度的统计数据。黑色组被造出来播种
（本图数据并非来自真实的实验，仅在此做说明之用）

突变孕育同样的后代，即突变被完美地遗传下来

如同那些原始的、未改变的性状一样，突变也被完美地遗传

下来。举例来说，在前文提到的第一代大麦中有少量麦穗的麦芒长度显然不在图 7 所示的变异范围内，比如说，完全没有麦芒。这也许可以代表一种德佛里斯突变，将会孕育完全一样的后代，也就是说，产生的后代都无芒。

因此，突变必定是遗传宝库中的一种变化，必须用遗传物质的某些变化来解释。事实上，大多数向我们揭示遗传机制的重要繁育试验，都是依照预先制订的计划，让发生突变的个体（往往是多重突变）与未发生突变的个体或发生非同类突变的个体杂交，进而仔细分析其后代。另一方面，由于子代与亲代之间的相似性，突变成了自然选择发挥作用的合适原材料，通过消除不适者、保存最适者产生了达尔文描述的新物种。在达尔文的理论中，你只需要将"微小、偶然的变异"改成"突变"（正如量子论将"能量的持续转移"改成"量子跃迁"）。也就是说，其他方面几乎无须修改，如果我正确解读了大部分生物学家的观点的话。[1]

---

[1] 关于基因突变趋于有用或有利的明显倾向是否有助于（如果不是取代）自然选择这个问题，已经有足够多的讨论了。因此我个人的观点无足轻重。但是有必要声明一下，所有后来的讨论都忽视了"定向突变"的可能性。此外，我在这里还不能讨论开关基因与多基因的相互作用，不管它对选择和进化的实际机制有多重要。——作者注

定位　隐性和显性

现在，我们再次以略显教条的方式回顾一下关于突变的其他基础事实和概念，而不是展示它们如何一个接一个地从实验证据中浮现出来。

我们应该期待一个明确的、可观察的突变是由一条染色体上特定区域内的一个变化引发的。确实如此。重要的是，要说明我们确定只有一条染色体发生了变化，同源染色体上相应的"基因座"并没有发生变化。如图 8 所示，× 表示发生突变的基因座。这揭示了一个事实：当突变的个体（通常称为"突变体"）和非突变个体杂交时，只有一条染色体受到了影响。因为后代中只有一半表现出突变的性状，另一半则是正常的。这是可以预期的，是突变体进行减数分裂时两条染色体互相分离的结果，如图 9 所示。这是一个"谱系"，仅用一对染色体来表示连续三代中的每一个体。请注意，如果突变体的两条染色体都受到了影响，那么其所有后代都会获得相同的（混合的）遗传性状，不同于父母中任何一方。

但是，这个领域的实验并不像刚才描述得那么简单。让它变复杂的是第二个重要事实，突变往往是潜在的。这是什么意思呢？

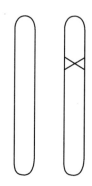

图 8 杂合突变体。× 代表突变基因

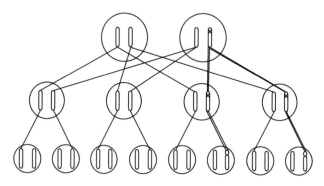

图 9 关于突变的遗传。交叉的直线代表染色体的转移，两条并列的直线则代表突变染色体的转移。未做说明的第三代染色体来自第二代及其配偶（这些配偶未在此图中出现）。我们已经假定了这些配偶既没有亲缘关系，也没有突变

在突变体中，密码本的两份拷贝不再完全一样，至少在发生突变的位置已经表现为两个不同的版本。也许最好立刻指出，把原始版本视为"正统"，突变版本视为"异端"，这种做法虽然诱人，其实大谬不然。原则上，它们享有平等的权利——因为正常的性状也是由突变产生的。

实际上，发生变化的是个体的"模式"，通常，它要么遵循正常版本，要么遵循突变版本。遵循的那个版本被称为显性，另一个则被称为隐性。换句话说，突变被称为显性的或隐性的，依据的是它是否直接有效地改变了模式。

隐性突变比显性突变发生得更加频繁，并且非常重要，尽管起初完全不会显现出来。只有当隐性突变同时出现在两条染色体上（见图10），才会影响到模式。当两个同为隐性的突变体杂交，或者一个突变体自交，就会产生这样的个体；这在雌雄同株的植物中是可能的，甚至是自发性的。通过简单的观察即可发现，在这些情况下，后代中 1/4 的个体属于这种类型，因而清楚地显现出突变模式。

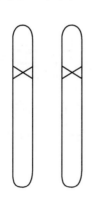

图 10 纯合突变体。杂合突变体（见图 8）自体受精或两个杂合突变体杂交产生的四种类型后代中有一种会是纯合突变体

介绍一些术语

为了讲得更清楚，在此我想解释几个术语。当我说出"密码本版本"（不管是原始的还是突变的）时，已经用到了"等位基因"这个术语。如图 8 所示，同一基因座遗传信息版本不同的个体被称为杂合子。当遗传信息版本相同时，比如，非突变个体或是图 10 的情况，这类个体被称为纯合子。因此，隐性等位基因只在纯合子中影响模式，而显性等位基因，不管是在纯合子中还是杂合子中，都会产生相同的模式。

相对于无色（或者白色），色彩往往是显性性状。举例来说，只有当豌豆的两条染色体上都具有"负责白色的隐性等位基因"，在白色性状上是纯合子时，它才会开白花，然后繁衍出同样性状的后代，它的所有后代都会开白花。但是，一个"红色等位基因"（另一个是白色；杂合子）就会让豌豆开红花，当然，两个红色等位基因（纯合子）也会开红花。后面这两种情况的差异只会在后代中显现出来，杂合红色会繁衍出一些开白花的后代，而纯合红色只会繁衍出开红花的后代。

外表非常相似的两个个体，其遗传信息可能是不同的。这一事实非常重要，需要精确区分。用遗传学家的话来说，它们具有相同的表型，但是基因型不同。因此，以上段落的内容可以用简洁但技术性很强的术语总结如下：

隐性等位基因只在基因型是纯合时才影响表型。

我们后面还会偶尔用到这些术语，必要时会请读者回忆它们的含义。

近亲繁殖的危害

只要隐性突变是杂合的，自然选择便无用武之地。基因突变通常是有害的，然而由于其潜在性，无法被消除。因此，大量有害突变可能会积累起来，但不会立即产生危害。然而，这些突变自然会遗传给一半的后代，这对人类、牛、家禽或是我们直接关注其良好体质的任何其他物种，都有很重要的应用。在图9中，假设一个男性个体（比如，具体而言，我自己）杂合携带一个有害的隐性突变基因，它不会显现出来。假设我的妻子不携带这种突变基因。那么，我们有一半孩子（图9中第二排）也会携带这种突变基因——也是杂合。如果他们的配偶（为了避免混淆，图中省略了）都未发生这种突变，那么平均来说，我有1/4的孙辈会以相同方式受到影响。

除非受到同样影响的个体杂交——通过简单的观察可发现，其子女有 1/4 的概率是纯合子，会发病——否则这种危害不会显现出来。除了自体受精（只在雌雄同株植物中发生），最大的危险来自我的儿子和女儿结婚。他们每个人都有相同的概率携带隐性突变基因，两人乱伦结合之后，他们的孩子有 1/4 是危险的，会显现这种危害。乱伦生育的孩子，危险因子为 1/16。

同理，我的两个（纯血）孙辈（堂表亲）结婚生下的后代的危险因子为 1/64。这个数字看起来没有那么让人难以承受，事实上，堂表亲结婚往往是被容许的。但是别忘了，我们分析的是祖代夫妇（我和我妻子）一方只携带一种可能的潜在危害的后果。事实上，他们俩都很可能携带不止一种这类潜在的缺陷。如果你知道自己携带某种确定的缺陷，你不得不推测，你的堂表亲有 1/8 的概率也携带这种缺陷。动植物实验似乎表明，除了一些严重的、比较罕见的缺陷，小缺陷发生的概率联合起来，提升了近亲繁育后代整体出现危险的概率。古代斯巴达人在泰杰托斯山用残暴的方式消灭失败者，而我们现代人不再倾向于那么做，因此，我们必须非常严肃地看待这类事情，最适者生存的自然法则在人类社会中被削弱了，不，走向了反面。在更原始的条件下，战争可能在选择最适应的部落生存下去这一点上具有积极价值，但现代大规模屠杀各国健康青年的反选择效应，甚至使其失去了这点价值。

一般的和历史的评论

隐性等位基因为杂合时，完全被显性等位基因抑制，不会产生任何可见效应，这一事实令人惊诧。不过，至少应该提到这种情况也有例外。当纯合的白色金鱼草和同样纯合的深红色金鱼草杂交时，所有直接后代都呈现中间色——粉色（而不是预期的深红色）。两个等位基因同时显现影响，有一个重要得多的例子——血型，但我们在这里无法深入讨论。如果最后发现，隐性可以分成不同等级，并且依赖于我们用来检验"表型"的实验的灵敏度，我不会感到讶异。

或许应该在此处简单介绍一下遗传学的早期历史。这一理论的支柱，亲代的不同性状在连续后代中的遗传规律，尤其是隐性和显性的重要区别，应归功于如今享誉世界的奥古斯丁修会修道院院长格雷戈·孟德尔。孟德尔对突变和染色体一无所知。在布伦（布尔诺）的修道院花园里，他用豌豆做实验，栽种了不同品种的豌豆，让其杂交，然后观察它们的第一代、第二代、第三代……你可以说，他利用了他在自然界发现的现成的突变体做实验。早在 1866 年，他就在布伦自然研究学会的论文集中发表了他的实验结果。似乎没人对修道院院长这一爱好特别感兴趣，当然了，没人能想到，他的发现在 20 世纪会成为一个全新的、无疑是我们这个时代最有趣的科学分支的指导原则。他的论文被遗忘了，直到 1900 年同时被柏林的柯灵斯（Correns）、阿姆斯特丹的德佛里斯和维也纳的丘歇马克（Tschermak）分别重新发现。

突变作为罕有事件的必要性

到目前为止，我们倾向于关注数量可能更大的有害突变，但必须明确指出，也存在有利突变的情况。如果自发突变是物种发展过程中的一小步，我们会产生这样的印象：某种变化被以非常随机的方式"测试"，它可能是有害的，在这种情况下会被自动消除。这引出了一个非常重要的观点：要成为自然选择的合适材料，突变必须是罕有事件，事实也正是如此。如果突变发生得过于频繁，以至于有很大可能在同一个体上发生了十几种不同的突变，而有害突变又往往占据主导地位，那么，物种非但不能通过选择得到改良，反而会停滞，甚至灭亡。由基因的高度持久性导致的相对保守性至关重要。这类似于一家大型制造厂的运转。为了研发出更好的生产方法，必须尝试创新，即使这种新方法尚未得到证实。但为了确定创新是提高还是降低了产出，每次应该只引入一项创新，整个系统的所有其他部分保持不变，这非常重要。

X 射线诱发的突变

现在，我们来回顾遗传学中一系列最为巧妙的研究工作，这些工作将被证明是我们的分析中最为重要的部分。

用 X 射线或 γ 射线照射亲代，后代产生突变的百分比，即所谓突变率，可以提高到自然突变率的许多倍。这种方式引发的突变与自发产生的突变没什么差别（除了诱导引发的突变数量更

多），人们产生了一种印象，每一种"自然"突变都可以利用 X
射线诱导产生。在大规模培育的果蝇中，许多特殊的突变一再自
发产生，如上一章后四部分所说，这些突变已被在染色体上定位，
并赋予专有名称。人们甚至发现了所谓"复等位基因"，也就是说，
在染色体密码的相同位置，除了正常的、未发生突变的"版本"，
还有两个或更多不同"版本"和"解读"。这意味着，在特定的"基
因座"上，有不止两个，而是三个甚至更多替换版本，当它们同
时出现在两个同源染色体的相应基因座上时，其中任意两个彼此
形成"显性 – 隐性"关系。

X 射线诱发突变的实验给人一种印象，从正常个体到突变体
的每一个特定"转变"，或其相反过程，都具有各自的"X 射
线系数"，这个系数指的是，在生育子代之前，用单位剂量的 X
射线照射亲代，其后代发生突变的百分比。

第一定律　突变是单一性事件

此外，控制诱导性突变率的方法非常简单，并且非常具有启

发性。在这里，我们引用 N.W. 季莫菲耶夫[1]于 1934 年在《生物学评论》第 9 卷上发表的文章。这篇文章在相当大的程度上参考了作者本人的出色工作。

第一定律：

突变的增加量与射线剂量严格成正比，所以确实可以计算（正如我所做的）增加的系数。

我们对简单的比例关系习以为常，因而容易低估这一简单定律影响深远的后果。为了理解这些后果，我们可以想一下，比如，商品价钱与其数量并不总是成比例。通常情况下，店主可能因为你买了六个橘子而印象深刻，当你最终决定再买一打时，他很可能以不到之前两倍的价格卖给你。在供不应求时，情况则可能相反。在目前这个例子中，我们可以得出结论：一半的辐射剂量诱发了比如千分之一的后代发生突变，但完全没有影响其余后代，既没有诱使它们发生突变，也没有让它们对突变免疫。否则，另一半剂量不会再次诱发恰好千分之一的突变。因此，突变并不是由连续的小剂量辐射相互强化而导致的一种累积效应。它必定是在辐射过程中发生在一条染色体上的单一事件。这是哪种事件？

———————————

[1]　1935 年与德尔布吕克一同发表的文章《突变和基因结构》。——译者注

第二定律　事件的局域性

第二定律正好回答了这个问题。

如果在较大范围内（从软 X 射线到相当硬的 γ 射线）改变射线的性质（波长），只要给予相同的辐射剂量，则突变系数保持不变。辐射剂量用所谓伦琴单位来度量，伦琴单位即在亲代暴露于射线下的这段时间和这个地点，在适当选择的标准物质中，单位体积内产生的离子总量。

我们选择空气作为标准物质，不仅为了方便，也因为空气的量与构成有机组织的元素的原子量相同。将空气中的电离数乘以两者的密度比，就可以方便地得到有机组织中发生的电离或联合过程（激发）总量的最小值。[1] 因此，显而易见，并且已经由更关键的调查研究证实，导致突变的单一事件正是在生殖细胞的某"临界"体积内发生的电离（或类似过程）。那么，这个临界体积有多大？我们可以根据观察到的突变率来估算：如果施以每立方厘米 50 000 个离子的剂量，（位于辐射区域的）任一特定配子以此种方式发生突变的概率仅为 1/1000，我们可以得出结

[1] 之所以说最小值，是因为还有除电离以外的其他过程，对突变也很有促进作用。——作者注

论，临界体积，即为了诱发突变，电离作用必须"击中"的"靶"的体积，仅为 1/50 000 cm^3 的 1/1000，也就是说，五千万分之一立方厘米。这个数字并不是精确值，只是用来说明问题。实际估算时，我们参照 M. 德尔布吕克（M. Delbrück）、季莫菲耶夫和 K. G. 齐默尔[1]共同撰写的一篇论文，这也是后面两章将要阐述的理论的主要来源。在这篇论文中，德尔布吕克计算出的体积大约为棱长只有 10 个平均原子距离的立方体，因此只包含大约 1000 个原子。对这个结果最简单的解读是，在距离染色体上某个特定位置不超过约"10 个原子"的范围内，发生一次电离（或激发），就有相当大的概率会发生突变。后面我们会更详细地讨论这个问题。

在此我忍不住要提到，季莫菲耶夫的报告隐含了一个具有现实意义的问题，尽管这显然与我们目前的研究无关。在现代生活中，人类不得不暴露于 X 射线下的机会很多。众所周知，它会给人体带来直接伤害，例如：烧伤、X 射线癌、不育。人们借助铅屏、铅围裙等来保护自己，尤其是经常接触射线的护士和医生。关键在于，我们即使可以成功阻挡这些指向个体的

---

[1] *Nachr. a. d. Biologie d. Ges. d. Wiss. Göttingen*，1935（1），189.——作者注

直接危险，依旧要面对生殖细胞中微小的有害突变带来的间接危险——前面我们谈到近亲繁殖的有害结果时预见的那种突变。说得夸张一些，尽管可能有些幼稚，由于祖母长期担任 X 光护士，堂表亲结婚的潜在危害会大大增加。对个体而言，这无须担心。但任何可能会逐渐影响人类的潜在有害突变都应该成为群体关注的对象。

第四章

量子力学证据

WHAT IS LIFE ?

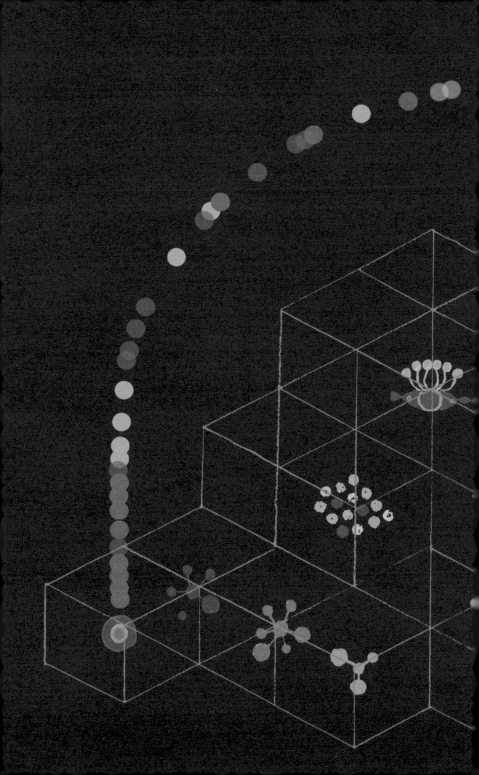

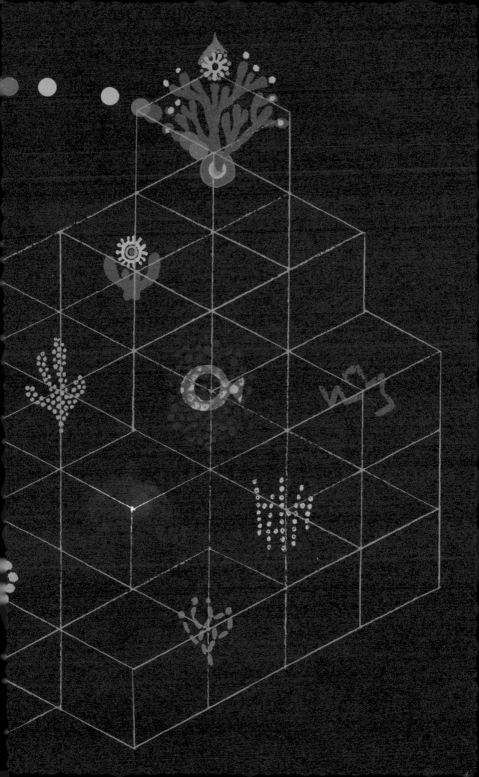

你高高腾起的精神火焰
已然默许了那个比喻、那幅图景。

——歌德

经典物理学无法解释的永恒

于是，借助精密到令人吃惊的 X 射线仪器（就如物理学家记得的那样，三十年前，它曾揭示了晶体中详细的原子晶格结构），生物学家和物理学家共同努力，最近已经成功降低了决定个体某个宏观特征的微观结构尺寸（"基因大小"）的上限，远小于第 44-45 页得出的估值。现在，我们需要严肃面对这个问题：从统计物理学的角度看，我们要怎样协调这两个事实——这一基因结构似乎只包含相对较少的原子（数量级为 1000，可能还要少得多），却以奇迹般的持久性进行着一种极其规律的活动？

我把这个令人惊叹的情况勾勒得再清晰一些。哈布斯堡王族有若干成员长着一种特殊的难看下唇（"哈布斯堡唇"）。在王室的资助下，维也纳皇家学院对这一遗传特征进行了仔细研究，发表的成果附了一些历史肖像。这一特征被证明是正常唇形的一个真正孟德尔式的"等位基因"。当我们把注意力集中在 16 世纪的某位家族成员和他生活在 19 世纪的后人肖像上，我们可以安心假设，负责这一异常特征的物质性基因结构已经世代相传了几个世纪，在这两人之间的时段内，每次细胞分裂时都被忠实地复制下来，这期间发生的细胞分裂次数并不算很多。此外，负责的基因结构中包含的原子数量可能与 X 射线测试中得出的原子数在同一个数量级。在这个时段内，该基因一直保持 36.7 摄氏度左右的温度。我们如何理解它几个世纪以来免受热运动无序趋向干扰这一情况？

这个问题会让 19 世纪末的物理学家不知所措，如果仅仅依靠那些他能解释并且真正理解的自然规律的话。也许，在对统计力学进行简短反思之后，他会回答（我们将会看到，这个答案是正确的）：这些物质结构只能是分子。关于这些原子集合体的存在——有时具有高度稳定性——当时的化学界已有广泛了解。但这知识是纯粹经验性的。人们对分子的性质尚不了解——维持分子形状的是原子之间的牢固结合，这种结合对当时的化学家来说完全是一个谜。事实上，这个答案被证明是正确的。但这只是把神秘的生物稳定性追溯至同样神秘的化学稳定性，价值有限。两个外观相似的特性基于相同的原理，只要原理本身未知，这个证明就总是不稳固的。

可用量子理论解释

在这个问题上，量子理论可以做出解释。根据现有的知识，遗传机制与量子理论的基础密切相关，而且，前者建立在后者之上。量子理论是由马克斯·普朗克[1]在1900年发现的。而现代遗传学起始于1900年德佛里斯、柯灵斯和丘歇马克重新发现孟德尔的论文，以及德佛里斯发表关于突变的论文（1901—1903年）。因此，这两个伟大理论几乎同时诞生，难怪它们必须各自达到一定的成熟度后，关联才会显现出来。量子理论的发展经历了超过25年的时间，直到1926年至1927年，W. 海

[1] 马克斯·普朗克（1858—1947），德国著名物理学家、量子力学重要创始人之一，1918年获诺贝尔物理学奖。——译者注

特勒和 F. 伦敦概括出化学键量子理论[1]的一般原理。海特勒 –
伦敦理论涉及量子理论（称为"量子力学"或"波动力学"）
最新发展的最微妙、最复杂的概念。因此，不用微积分来描述
几乎是不可能的，或许至少需要另一本这样的小册子来阐述。
但幸运的是，现在所有工作都已完成，可用于阐明我们的想法，
似乎有可能以更直接的方式指出"量子跃迁"与突变之间的关
系，并在此挑出最引人注目的问题。这就是我们在这里所尝
试的。

量子理论—不连续状态—量子跃迁

量子理论的伟大发现是，在"自然之书"中存在不连续性
的特征。根据在此之前的观点，除连续性之外的任何东西都是荒
谬的。

第一个例子涉及能量。宏观物体的能量变化是连续的。例如，
摆动的摆由于空气阻力而逐渐慢下来。奇怪的是，承认原子尺度

---

[1] 1927 年，物理学家海特勒和伦敦用量子力学的方法处理氢分子时，解决了氢
原子之间两个化学键的本质问题，奠定了近代价键理论的基础。——译者注

的系统行为与此不同，被证明是必要的。出于一些我们无法在这里详述的理由，我们不得不假设一个小系统，它因其自身的性质只能拥有某些不连续的能量，称为它的特有能级。从一种状态向另一种状态转变是一件相当神秘的事，通常被称为量子跃迁。

然而，能量并非系统的唯一特征。再次以摆为例，不过，请设想它可以做不同类型的运动，例如，从天花板垂下一根绳子，下方悬挂的重球可以循南北、东西或其他任何方向摆动，或者做圆周运动或椭圆运动。用波纹管轻轻吹这个球，可以使其从一种运动状态连续地转换到其他任意一种运动状态。

但是，对微观系统来说，这些特征或类似特征——我们无法详述——的转变大多是不连续的。就像能量一样，它们是"量子化"的。

结果是，大量原子核，包括围绕它们旋转的电子，发现彼此靠近形成"一个系统"时，依其本性，无法采用我们可能设想的任意构型。它们的本性只留下许多不连续的"状态"供其选择。[1]我们通常将这些状态称为能级，因为能量是这一特征非常重要的

---

[1] 我采用的是通俗版本，可以满足我们此刻的目的。但我担心这么做会将这个图方便的错误永久化。真实的故事要复杂得多，它包含了关乎系统所处状态的偶然不确定性。——作者注

部分。但必须了解的是，完整的描述包含的远不只是能量。将状态视为所有微粒的一种明确构型实质上是正确的。

从一种构型到另一种构型的转变就是一次量子跃迁。如果第二种构型的能量更多（"更高能级"），则外界必须向系统提供至少相当于两个能级之差的能量，才能促成这种转变。系统也可以通过辐射消耗多余能量，自发转变至较低能级。

分子

在给定原子选择的一系列不连续状态中，并非必然，但可能存在最低能级，这意味着原子核彼此紧密依偎在一起。处于这种状态的原子形成了分子。这里需要强调的是，分子必然具有一定的稳定性，除非外界提供至少可以使其跃迁至更高能级的能量差，否则该构型不会改变。因此，这个能级差是一个明确定义的量，定量地决定了分子的稳定程度。之后我们会看到，这一事实与量子理论的基础——能级图的不连续性多么密切相关。

我必须请求读者理所当然地认为，这些观点已经被化学事实彻底检验过，并且成功地解释了化学价的基本事实，以及关于分子结构、分子的结合能、分子在不同温度下的稳定性等许多细节。我说的是海特勒 – 伦敦理论，如前面所说，我无法在本书中对其做详细考察。

分子的稳定性取决于温度

我们必须只考察对我们的生物学问题至关重要的一点，即分子在不同温度下的稳定性。假设我们的原子系统最初实际上处于最低能量状态。物理学家会称之为处于绝对零度的分子。为了将它提升到更高的状态或水平，需要提供一定的能量。最简单的方法是"加热"分子，使其处于更高温度的环境中（"热浴"），从而允许其他系统（原子、分子）撞击它。考虑到热运动的完全无规律性，不存在一个明显的温度界线，达到这个界线时，分子状态必然会立即"提升"。相反，除了绝对零度，在任何温度下，都或多或少存在这种"提升"的可能性，其概率随着热浴温度的升高而增加。表达这个概率的最好方法是指出等待这种"提升"发生所需要的平均时间，即"期望时间"。

根据 M. 波拉尼和 E. 维格纳的研究[1]，"期望时间"很大程度上取决于两种能量的比值，其一是影响"提升"所需的能量差额本身（让我们用 W 表示），其二是表征了所讨论温度下热运动强度的能量（让我们用 T 来表示绝对温度，用 kT 表示表征能量）。[2] 显然，"提升"的概率越小，期望时间就越长，能差本身与平均热能相比也就越高，即 $W : kT$ 的值越大。令人惊奇的是，$W : kT$ 的值相对较小的变化在何种程度上决定了期望时间。举个例子（依据德尔布吕克的例子）：当 W 是 kT 的 30 倍时，期望时间可能短至 1/10 秒；但当 W 是 kT 的 50 倍时，期望时间增加到 16 个月；当 W 是 kT 的 60 倍时，期望时间增加到 30 000 万年！

数学插曲

对于那些对数学感兴趣的读者，我们不妨用数学语言来阐述这种对能级改变或温度变化极度敏感的原因，然后再补充一些类

---

[1] 《物理学杂志》，化学（A），哈贝尔卷（1928），P439。

[2] k 是一个数值已知的常数，被称为玻尔兹曼常数；$3/2kT$ 是温度 T 下气体原子的平均动能。

似的物理学说明。这个原因在于，期望时间 t 取决于 $W : kT$ 的值，可以用指数函数来表示，即

$$t = \tau e^{W/kT}。$$

τ 是一个确定的小常数，约为 10^{-13} 或 10^{-14} 秒。这个特定的指数函数不是一个偶然的特征。它在热力学统计理论中反复出现，可以说构成了这个理论的支柱。这是对在系统中某个特定部分偶然积聚起大量能量 W 的不可能性的一种度量。当 W 达到"平均能量" kT 可观的倍数时，这种不可能性就会增加到如此之大。

实际上，$W = 30kT$（见上面引用的例子）的情况已是极其罕见。由于因子 τ 很小，它不会导致太长的期望时间（在我们的例子中只有 1/10 秒）。该因子具有物理意义，它关乎系统中持续发生的振动的周期数量级。你可以非常概括地描述它，它意味着，积累所需能量 W 的机会尽管非常少，但在"每次振动"中都会出现，也就是说，大概每秒 10^{13} 或 10^{14} 次。

第一处修正

在提出这些思考作为分子稳定性的理论时，我们已然心照不

宣地假设，我们称之为"提升"的量子跃迁即使不会导致分子的完全分解，至少也会导致相同原子组成本质上不同的构型——化学家所说的同分异构分子，即由相同原子以不同的排列方式组成的分子(应用到生物学中，它代表了同一个"基因座"上不同的"等位基因"，而量子跃迁则代表突变)。

为了使这种解释可接受，我们必须做出两处修正。我有意说得简单些，以便能被完全理解。根据我的简化说法，有人可能会认为，只有处于最低能量状态时，原子才会形成我们所说的分子，当处于相邻的更高状态时，已经是"别的东西"了。然而并非如此。实际上，最低能级之后排列着一系列密集的能级，它们不会使整个构型发生任何明显的变化，仅仅和我们在上一节提到的原子间那些微小的振动有关。它们也是"量子化"的，只不过从一个能级到另一个能级的步子相对较小。因此，在相当低的温度下，"热浴"粒子的碰撞可能足以激发微小的振动。如果分子是一种扩展结构，你可以把这些振动想象成高频声波，穿过分子而不会对其造成任何损害。

所以第一处修正并不是很重要：我们必须忽视这个能级方案的"振动精细结构"。"相邻的较高能级'必须理解为与构型的相关变化对应的相邻能级。

第二处修正

第二处修正解释起来要困难很多，因为它涉及不同能级结构的某些重要但又相当复杂的特征。且不说所需能量的供应，两个能级间的自由通路也有可能被阻断。事实上，即使从较高状态到较低状态，通路也可能受阻。

让我们从经验事实出发。化学家知道，同一组原子可以以多种方式结合形成一个分子。这种分子被称为同分异构体[1]（"由相同部分组成"）。同分异构现象并不是例外，而是规律。分子越大，同分异构体越多。图11展示了最简单的其中一种情况，两种丙醇分子均由3个碳原子（C）、8个氢原子（H）、1个氧原子（O）组成。[2]氧原子可以插到任何氢原子和碳原子之间，但只有图中所示的两种是自然界实际存在的物质。它们所有的物理和化学常数明显不同，能量也不同，表现出"不同的能级"。

---

[1] 拥有相同分子式，但分子中原子排列不同的两种或几种化合物被称为同分异构体。——作者注

[2] 在这次讲座中展示了分别以黑色、白色和红色木球代表碳原子、氢原子和氧原子的模型。我在这里没有复制它们，因为它们与实际分子的相似性并未明显大过图11。——作者注

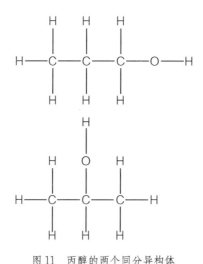

图 11 丙醇的两个同分异构体

引人注目的是，这两个分子都非常稳定，似乎都处于"最低状态"。两种状态之间不存在自发跃迁。

原因在于这两个分子构型并不是相邻的构型。从一种构型跃迁到另一种，只能通过中间构型发生，后者的能量比前两者都要大。简单地说，必须把氧原子从一个位置上抽出来，再插入另一个位置。除了通过能量更高的构型，似乎没有别的办法做到这一点。这一情况有时如图 12 所示，其中 1 和 2 分别代表两个同分异构体，3 代表它们之间的"临界值"，两个箭头代表"升程"，即从状态 1 转换到状态 2 或从状态 2 转换到状态 1 分别所需的能

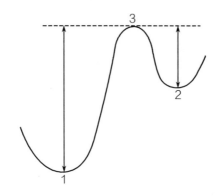

图 12　同分异构体能级（1）和（2）之间的能
量阈值（3）。箭头代表转换需要的最小能量

量供应。

现在，我们可以引出"第二处修正"了，即这种"同分异构"类型的转变是我们在生物学应用中唯一感兴趣的。在本章第四至第五小节解释"稳定性"时，我们考虑的正是这个。所谓"量子跃迁"就是指从一种相对稳定的分子构型向另一种分子构型的转变。这种转变所需的能量（该数量用 W 表示）不是真正的能级差，而是从初始能级到临界值的跨越（参见图 12 中的箭头）。

在初始状态和最终状态之间不存在临界值的分子构型转变毫无意义，这不仅仅是在生物学应用中。它们实际上对分子的化学稳定性没有任何贡献。为什么？因为它们的作用无法持久，总也不会引起注意。因此，当转变发生时，它们几乎是立即回到初始状态，因为没有东西阻止它们往回走。

第五章

对德尔布吕克模型的
讨论和检验

WHAT IS LIFE ?

正如光明之显示其自身
并显示黑暗，真理
既是真理自身的标准，
又是错误的标准。

——斯宾诺莎，《伦理学》，第二部分命题四十三

遗传物质的一般图像

根据前面提到的事实，我们可以非常简单地回答这个问题：由相对较少的原子组成的结构，能否长时间经受住遗传物质持续遭受的热运动的干扰？我们假定，一个基因的结构是一个巨大的分子结构，只能发生不连续的变化，表现为原子的重新排列，并导致同分异构体[1]。重新排列可能只影响基因的一小部分，并且可能存在大量不同的排列方式。将自然界实际存在的构型与任何可能的同分异构体分隔开的能量临界值必须足够高（与原子的平均热量相比），才能使得这种转变成为罕见事件。这类罕见事件，

---

[1]　为方便起见，我将继续称其为同分异构转变，尽管排除与环境进行任何交换的可能性是荒谬的。——作者注

我们称之为自发突变。

本章后面几个小节将通过与遗传事实的详细比较，对基因和突变的一般图像（主要基于德国物理学家 M. 德尔布吕克的模型）加以验证。在那之前，我们可以适当地对这个理论的基础和一般性质做些讨论。

图像的唯一性

挖掘生物学问题最深层的根源并找到其基于量子力学的图像是否绝对必要？我敢说，关于基因是分子的猜想在今天已是老生常谈了。不管是否熟悉量子理论，几乎没有生物学家会反对这个观点。在第四章第一节，我们冒昧地借前量子物理时代的物理学家之口说出了它，将其作为观察到的分子"持久性"的唯一合理解释。随后，我们讲到了同分异构性、临界能量，以及比值 W/kT 在决定同分异构转变的概率时的重要性——所有这些都可以在纯粹经验的基础上得到很好的解释，丝毫无须借助量子理论。我为什么要如此强烈地坚持量子力学的观点，即便在这个小册子里无法真正讲清楚，还可能使很多读者感到厌烦？

量子力学是第一个从第一原理出发解释自然界中实际遇到的各种原子聚合体的理论。海特勒－伦敦键是这个理论的一个独特特征，但它并不是为了解释化学键而发明的。它以一种非常有趣但令人费解的方式自行出现，出于完全不同的考虑强加给我们。它被证明与观察到的化学事实完全一致，正如我所说，这是一个独特的特征，充分理解这一点后，可以相当肯定地说，"在量子理论今后的发展中，这样的事情不可能再发生了"。

因此，我们可以肯定地说，除了将遗传物质看作分子，没有其他选择。物理学方面不存在别的可能性来解释遗传物质的持久性。如果德尔布吕克图像失败了，我们将不得不放弃进一步的尝试。这是我想表达的第一点。

一些错误的传统观念

但也许有人会问：除了分子，真的不存在其他由原子组成的持久结构吗？例如，埋在坟墓中几千年的金币不就保留了压印在上面的肖像特征吗？确实，这枚硬币由大量原子组成，但在这种情况下，我们肯定不会倾向于将幸存的肖像特征归因于大量数据统计。这种说法也适用于我们在岩石中发现的纯净水晶，它们肯定经历了数个地质时期，却没有发生变化。

这引出了我想要阐明的第二点。分子、固体、晶体的情况并没有真正的差别。根据现有的知识，它们实质上是相同的。不幸的是，学校教学中保留了一些传统观点，这些观点过时多年，掩盖了人们对事物真实状况的理解。

的确，我们在学校学到的关于分子的知识并没有给人这种印象：分子更近似固态，而非液态或气态。相反，我们被教导如何仔细区分物理变化和化学变化：前者如熔化或蒸发，不会改变分子（例如，酒精无论是固态、液态还是气态，都由相同的分子 C_2H_6O 组成）；而化学变化则会改变分子，例如乙醇的燃烧，

$$C_2H_6O+3O_2=2CO_2+3H_2O$$

1个酒精分子和3个氧分子经过重新排列，形成了2个二氧化碳分子和3个水分子。

我们被教导，晶体是晶格在三维空间周期性的重复排列。有时，单个分子的结构可以识别，例如酒精和其他大多数有机化合物，而在另一些晶体中，例如岩盐（NaCl），其分子无法明确界定。因为每个钠（Na）原子周围都有6个氯（Cl）原子对称排列，

反之亦然，因此，在很大程度上可以将任意一对（如果存在的话）钠原子和氯原子看作组成氯化钠分子的伴侣。

最后，我们被告知，固体可能是晶体，也可能不是，后者被称为无定形固体。

不同的物质状态

现在，我不会说上述这些表述和区分是完全错误的。它们在实践应用中有时还是有用的。但谈到真正真实的物质结构时，必须采用完全不同的方式来划定界限。根本区别在于以下两行"等式"之间：

$$分子 = 固体 = 晶体$$
$$气体 = 液体 = 无定形 / 非晶质$$

对于这些陈述，我必须简要说明几句。所谓无定形固体，要么不是真的无定形，要么不是真的固体。在"无定形"的木炭纤维中，石墨晶体的基本结构已经由 X 射线揭示出来。所以，木炭既是固体也是晶体。那些未被发现有晶体结构的物质，我们得视作有非常高"黏度"（内摩擦）的液体。由于没有明确的熔化温度和熔化潜热，它们不是真正的固体。加热时，它们逐渐软化并最终液化，其状态具有连续性。（我记得第一次世界大战快结束时，我们在维也纳得到一种沥青质地的物质，作为咖啡的替代品。它非常坚硬，得用凿子或短斧将小方块砸成碎片，这时它会露出光滑、贝壳般的裂缝。然而，过一段时间，它又表现得像液体。如果你很不明智地将其留在容器中好几天，它会紧紧粘在容器底部。

众所周知，气态和液态之间存在连续性。当逡巡在所谓临界点附近时，任何气体都可以液化并表现出连续性。不过我们就不在这里细谈了。

真正重要的区别

我们已经解释了上面方案中的所有内容，除了核心点，即我们希望将分子视作固体或晶体。

原因在于，形成分子的原子，无论数量多少，使其结合在一起的力与使形成真正固体或晶体的大量原子结合的力，本质上完全相同[1]。分子具有与晶体同样稳固的结构。请记住，我们正是用分子的这种稳固性解释了基因的持久性！

在物质结构中，真正重要的区别在于，原子是否是被"有稳固作用的"海特勒－伦敦力束缚在一起？在固体和分子中是这样。但在单原子气体中（比如汞蒸气）不是。而在由分子组成的气体中，只有每个分子内部的原子是以这种方式连接在一起的。

非周期性固体

也许可以将一个小分子称为"固体的胚芽"。从如此小的固体胚芽开始，似乎存在两种不同的方式来建立越来越大的集合。一种方式比较乏味，即同种结构在空间的三个维度上不断重复。晶体就是遵循这种方式生长。一旦确立了周期性，集合体的大小就没有明确的限制了。第二种方式不依赖乏味的重复机制来建立一个越来越大的集合体。这就是越来越复杂的有机分子的情况，

---

[1]　不同原子间的作用力不同，但是所有这种结合力本质上都是电磁力。

其中每个原子、每个原子团，都有着自己的角色，和其他原子或原子团的角色不完全相同（不同于周期性结构的情况）。我们也许可以恰当地称之为非周期性晶体或非周期性固体，并给出我们的假设：我们相信，一个基因，或者整条染色体纤丝[1]，是一种非周期性固体。

压缩在微型密码中的内容的多样性

人们经常会问，受精卵细胞核这么小的物质微粒，如何能够包含一个涉及有机体所有未来发展的精细密码本？一个高度有序的原子集合体，具有足够的抵抗力来长久保持其秩序——这似乎是唯一可以想象的物质结构，它提供了各种可能的（"同分异构"）排列，其大小足够在一个小的空间边界内体现出一个复杂的"决定"系统。事实上，这种结构中的原子数量不必非常大，就可以产生几乎无穷的排列方式。为了说明这个问题，我们可以想想莫尔斯电码。如果每组代码的符号不超过4个，点

---

[1] 对染色体纤丝的高弹性毫无异议，细铜丝也是如此。

和短划线这两种符号可以表达 30 种不同的具体信息。现在，如果允许在点和短划线之外使用第三种符号，并且每组代码的符号数不超过 10 个，则可以表达 88 572 种不同的"信息"。如果用 5 种符号，每组代码的符号数不超过 25 个，编码数可达到 372 529 029 846 191 405 个。

也许有人会提出异议，莫尔斯电码由不同符号（例如·－－ 和··－）组成，不适合用来类比同分异构现象。为了弥补这一缺陷，我们在第三个例子中选择恰好 25 个符号，并且 5 种约定的符号中恰好每种包含 5 个（5 个点、5 个短划线……）的组合。粗略计算一下，大约有 62 330 000 000 000 种组合，右侧的零代表我没花费力气去计算的数字。

当然，在实际情况中，原子团的每一种排列并不都代表一个可能的分子；况且，这也不是密码随机采用的问题，因为密码自身必须是引起发育的有效因素。但另一方面，上述例子中选择的数量（25 个）仍然太少，而且我们只设想了一条直线上的简单排列。我们想要说明的仅仅是，有了基因的分子图像，微型密码应该与高度复杂的特定发育计划精确对应，并且以某种方式包含了实施该计划的机制，这已经不再是不可想象的。

与实验事实相比较：稳定度、突变的不连续性

最后，我们把理论与生物事实进行比较。显然，我们遇到的第一个问题便是，这些理论能否真正解释我们观察到的高度持久性。所需的阈值（平均热能 kT 的若干倍）是否合理？它是否属于普通化学的认知范围？这些问题不用查表就可以肯定地回答。在一定温度下，能够被分离的物质分子在该温度下肯定具有至少几分钟的寿命。这是保守估计，通常它们的寿命更长。因此，化学家遇到的阈值必然是解释生物学中遗传持久性所需的数量级。我们可以回忆一下第四章中的例子，当阈值在 1：2 的范围内变化时，生命周期将从几分之一秒变到几万年。让我运用一些数字来表述，以供参考。在第四章第五节的例子里，我们提到了不同的比值 W/kT，即：

$$W/kT=30，50，60$$

对应的寿命是

1/10 秒，16 个月，30000 年

在室温下对应的阈值分别为

0.9 电子伏特，1.5 电子伏特，1.8 电子伏特

我们先解释"电子伏特"这个单位，它使用起来相当方便，因为它非常直观。例如，上面第三个数字（1.8 电子伏特）就是指一个电子在接近 2 伏特电压的加速作用下，正好获得足够的能量去碰撞分子，激发跃迁。（为了对比，普通袖珍手电筒电池的电压为 3 伏）。

基于以上这些考虑，我们可以认为，振动能的偶然涨落产生了分子某个部分构型的同分异构变化，实际上这是非常罕见的事件，即自发突变。因此，利用量子力学原理，我们已经解释了有关突变的惊人事实，当时，也正是这一事实首先吸引了德佛里斯的注意，即突变是没有中间形式出现的"跳跃式"变异。

自然选择的基因的稳定性

人们发现任何电离射线都会增加自然突变率后，也许会认为土壤和空气中的放射性活动以及宇宙辐射诱发了自然突变。然而，

与 X 射线结果的定量比较表明，"自然辐射"太弱了，它只是自然突变的一小部分诱因。

如果我们不得不用热运动的偶然涨落来解释罕见自然突变的话，那就请不要惊讶于大自然已经成功地选择了一个巧妙的阈值，使得突变极为罕见。前面我们已经得出结论，频繁的突变对进化是有害的。对于那些因突变获得不稳定基因构型的个体，其发生"超剧烈"、迅速变异的后代几乎无法存活。这些个体将会被淘汰，而该物种的稳定基因则通过自然选择被保存下来。

突变体的稳定性有时比较低

在繁育实验中，我们选择突变体来研究它们的后代，这些突变体的稳定性自然不会很高。因为它们还没有通过"检验"；或者说，虽然已经通过"检验"，却由于过高的突变率，在野生繁殖时被"抛弃"了。不管怎样，有些突变体确实比正常的"野生"型基因具有更高的突变率，这也是很正常的。

温度对不稳定基因的影响小于稳定基因

现在，我们来检验突变可能性公式：

$$t = \tau e^{W/kT}$$

（你们应该记得，t 是阈值能量 W 突变的期望时间）。那么，随着温度变化，t 将如何变化呢？从上面的公式中，我们很容易得到温度为 $T+10$ 时的 t 值与温度为 T 时的 t 值的近似比值：

$$\frac{t_{T+10}}{t_T} = e^{-10W/kT^2}$$

由于指数为负数，所以这个比值小于 1。期望时间随着温度的升高而减小，突变可能性增加。于是我们可以在昆虫可承受的温度范围内对果蝇进行测试（且有人已经测试过了）。乍看之下，结果似乎出人意料。野生型基因的低突变率明显增加，但是一些具有相对较高突变率的已突变基因，其突变率并没有增加，或者说增加得很少。其实，这正是我们在比较两个公式时预测到的结果。根据第一个公式，要得到一个大的 t 值（稳定的基因），W/kT 值必须很大。根据第二个公式，W/kT 值变大，就会使比值减小，即温度升高，突变的可能性显著增加。（这个比值的实际大小介于 1/2 和 1/5 之间，其倒数 2.5 就是普通化学反应中的范托夫因子。）

X 射线如何诱发突变

　　现在我们再来看看 X 射线的诱发突变率。我们已经从繁育实验中推断出：第一，（根据突变率和剂量的比例关系）突变是由某些单一性事件引起的；第二，（根据定量的结果，以及突变率是由电离密度决定而非波长的事实）这个单一性事件必须是电离作用或类似的过程，并且必须发生在棱长大约为 10 个原子距离的立方体内，才能产生特定的突变。根据我们勾画的图像，克服阈值能量显然必须由类爆炸过程——电离或激发来提供。我之所以称它为类爆炸，是因为在一次电离中耗费的能量（这个能量并不是 X 射线本身消耗的，而是由它产生的次级电子消耗的）相当大，大约有 30 电子伏特。它必然会变成放电点附近被极大增加的热运动，并以"热波"（一种原子高频振动的波）的形式传播开来。在约 10 个原子距离的平均"作用范围"内，这个热波仍然能够提供所需的 1—2 个电子伏特的阈值能量，尽管一位不带偏见的物理学家推测出的作用范围可能会更小一些。在大多数情况下，爆炸效应不会激发有序的同分异构跃迁，而是造成染色体的损伤。当由于某种奇巧的交叉互换，未损伤的染色体（另一组染色体中与受损染色体对应的那条）被基因为病态的染色体替换时，这种损伤便是致命的——所有这一切都被预测到了，并且也在实验中得到了证实。

X 射线的效率不依赖于自发突变率

尽管还有一些特性无法从以上描述中预测，但是它们也很容易理解。例如，一个不稳定的突变体的 X 射线突变率不会比稳定的突变体更高。对会产生 30 电子伏特能量的爆炸来说，不管所需的阈值能量是 1 电子伏特还是 1.3 电子伏特，结果都不会有很大的差异。

可逆的突变

有时，可以从两个方向来研究跃迁，例如，从某个"野生"

型基因变到特定的突变体，然后从该突变体变回野生型基因。在这两种情况下，自然突变率有时几乎是相等的，有时却截然不同。乍看之下，人们会感到困惑，因为在这两种情况下，要克服的阈值能量似乎是相同的。但是，显然并非如此。因为我们还必须考虑到初态构型的能级，而野生型和突变体基因的初态构型能级可能是不同的。（参见图12，其中"1"可以看作野生型等位基因，"2"看作突变体，较短的箭头表示其具有较低的稳定性。）

总的来说，我认为，德尔布吕克"模型"经得住考验，我们有理由对其进一步应用。

第六章

有序、无序和熵

WHAT IS LIFE ?

身体不能决定心灵，使它思想，
心灵也不能决定身体，使它动或静，
更不能决定它成为任何别的东西，
如果有任何别的东西的话。

——斯宾诺莎，《伦理学》，第三部分命题二

一个从模型得出的非凡的普适结论

我曾在第五章中说过，"有了基因的分子图像，微型密码应该与高度复杂的特定发育计划精确对应，并且以某种方式包含了实施该计划的机制"。那么，这是如何实现的呢？我们如何将这种"想象"变成真正的认识呢？

德尔布吕克的分子模型具有完全的一般性，但似乎没有揭示遗传物质是如何工作的。其实，我认为未来的物理学也依旧无法提供任何关于这个问题的详细信息。但是，我相信，在生理学和遗传学指导下的生物化学正在并将在这个问题上继续取得进展。

显然，我们无法通过对上述遗传物质结构的一般性描述，获得关于遗传机制如何运作的详细信息。但奇妙的是，我们却从这个一般性描述中得出一个一般性结论，而这也是我写这本小册子的唯一动机。

从德尔布吕克关于遗传物质的一般描述中可以看出，生命物质在遵循迄今为止已建立的"物理定律"的同时，可能还涉及迄今未知的"其他物理定律"，而一旦这些新定律被揭示出来，必将和前者一起共同组成这门科学不可或缺的一部分。

基于有序的有序

这个思路相当微妙，会在不止一个方面引起误解。本书剩下的章节就是要讲明白这个思路。讨论到这里，我们可得出的初步结论（粗糙但非完全错误）是：

在第一章中我们已经解释过了，我们所知道的物理定律都是统计学定律。[1] 它们与事物趋于无序的自发过程密切相关。

但是，为了维持遗传物质的高度持久性与其微小体积之间的协调统一，我们不得不"发明一个分子"来避免这种走向无序的

———————————

[1] 以这样全然概括的方式来阐释说明也许太有挑战性了。不过我们还会在第七章中讨论这个问题。

自然趋势。事实上，这是一个异常巨大的分子，是高度分化的有序性的杰作，并且受到量子理论魔法的庇护。概率的法则并没有因为这一"发明"而失效，只是其结果被调整了。物理学家熟知，量子理论改写了经典物理定律，尤其是在低温条件下。无数自然现象都印证了这一点。其中，生命现象就是一个特别引人注目的例子。生命似乎是物质有序、规律的行为，它不是全然基于从有序走向无序的倾向，而是部分地基于其维持的现有秩序。

对物理学家——也只能是对物理学家——来说，我希望如下表述可以令我的观点更加清晰：生命体似乎是一个宏观系统，它的部分行为接近纯粹的机械行为（与热力学行为形成对比）。当温度接近绝对零度，分子的无序性被消除时，所有系统都将趋于这种机械行为。

而对非物理学家来说，这一点令人难以置信：被人们视为高度精确的物理定律竟然是以物质走向无序的统计学趋势为基础的。其实，我在第一章就列举过这样的例证了，涉及的普遍原理就是著名的热力学第二定律（熵原理）及其统计学基础。在本章之后的小节里，我们将探讨熵原理对生命体宏观行为的影响——现在先暂时忘记关于染色体、遗传等等的相关知识。

生命物质避免了向平衡的衰退

生命的标志性特征是什么？什么情况下可以认为一种物质是活着的？当它持续"做某些事"、运动以及不断与环境进行物质交换等等的时候，我们就认为它是活的。并且这段"持续保持"的时间比在类似情况下的无生命物质要长得多。当一个无生命的系统被单独隔绝出来或处于均匀的环境中时，由于各种摩擦力的作用，所有的运动通常都会很快停止；电势或化学势的差别都会消失，倾向于形成化合物的物质也停下了动作；各处的温度因热传导而变得一致。最后，整个系统衰退成一堆毫无生气的惰性物质，归于一种永恒不变的状态，再也观察不到任何事件的发生。物理学家称之为热力学平衡或"最大熵"。

实际上，这种状态通常很快就会达到。但从理论上讲，这通常还不是绝对的平衡，并未达到熵的最大值。然而，最后达到平衡的过程非常缓慢，它可能需要几小时、几年，甚至几个世纪……举个例子（不过本例中达到平衡的速度依然相当快速）：如果把一个装满纯水的玻璃杯和另一个装满糖水的玻璃杯一起放在密封的恒温箱中，起初，看起来好像什么都没有发生，会让人误以为达到了完全平衡的状态。但过一天之后，人们会发现，由于纯水有较高的蒸气压，水分子会缓慢蒸发并在糖水表面凝结。糖水便溢了出来。只有当纯水完全蒸发后，糖分子才能均匀地分布在所有液态水中。

不过，千万不要误认为这类最终缓慢地趋近平衡的过程是生命过程。读者其实完全可以忽略我以上所说的这类过程。在这里提到它，只是为了避免有人指责我说得不够准确。

以"负熵"为生

正是通过避免快速衰退进入惰性的"平衡"状态，有机体才显得如此有活力。在人类思想历程的早期，人们认为是某种特殊的非物质的超自然力量（活力论，"隐德莱希"[1]）在机体中起作用，甚至现在仍有人这样认为。

那么，生命有机体是如何避免衰退到平衡态的呢？答案显而

---

[1]活力论，来源于古希腊的亚里士多德，是关于生命本质的一种唯心主义学说。他认为事物是形式和质料的统一，形式构成事物的本质，在事物的形成中起决定作用。而生物的形式是灵魂，即"隐德莱希"，它赋予有机体以行为完善性和合目的性。——译者注

易见：靠吃、喝、呼吸以及（植物的）同化作用。生物学上称为"新陈代谢"。μεταβάλλειν 来源于希腊语，意为"变化"或"交换"。那么，交换什么呢？最初，人们猜想的是物质交换。（例如，在德语中，新陈代谢 Stoffwechsel 就是指物质的交换。）这种想法其实非常荒谬。构成有机体的原子，例如氮原子、氧原子、硫原子等，和构成其他物体的同种原子没有什么区别，仅仅交换原子可以给生命带来什么好处呢？后来相当长一段时间，人们又认为生命以能量为生，这种说法极大地满足了人们的好奇心。在一些发达国家（我不记得是德国还是美国，或者两个国家都是）的餐馆里，你可以看到菜单上除了价格之外，还标出了每道菜所含的能量。当然，这仍然是非常荒诞的。因为一个成年有机体所含有的能量与其所含有的物质一样，都是固定的。既然体内的卡路里和体外的卡路里价值都是一样的，那么单纯的交换有什么用处呢？

那么，我们的食物中究竟包含了哪些珍贵的东西使我们能够远离死亡呢？这很容易回答。每一个过程、事件、偶发之事，自然界发生的一切都意味着它所在的那部分世界的熵在增加。因此，生命有机体在不断地增加它的熵（或者说，产生正熵）并逐渐走向最大熵的危险状态，即死亡。要远离死亡（也就是活着），它只能不断地从环境中摄取负熵——我们马上就会看到，负熵是非常积极的东西。有机体就是以负熵为生。或者，说得更加明白些，新陈代谢的本质就是，有机体成功地消除生命活动中不得不产生的熵。

熵是什么？

首先我要强调一下，这不是一个模糊的概念或想法，而是一个可以度量的物理量，就像一根棍棒的长度、物体任意点的温度、晶体的熔化热或者物质的比热等物理量一样。在绝对零度（大约零下273摄氏度）时，任何物质的熵都为零。当通过缓慢的、可逆的微小变化，物质进入其他任意状态时（改变其物理或化学性质，又或者分裂成两个或多个具有不同物理或化学性质的部分），熵的增加量可以通过以下方法来计算：该过程所需的每一小分热量除以它当时所处的绝对温度，然后把每一小步的结果累加起来。例如，当固体熔化时，它的熵增量为：熔化热除以熔点温度。由此可以看出，熵的单位是卡/摄氏度（cal./℃，就像卡是热量单位，厘米是长度单位一样）。

熵的统计学意义

我简单介绍了熵的定义，只是为了驱散长久环绕在其周围的神秘色彩。这一小节，我们着重讨论的是熵与有序和无序这一统计学概念的关系。玻尔兹曼和吉布斯已经在统计物理学研究中为我们揭示了这两者之间的关系，这也是一个精确的定量关系，表达式为：

$$熵 = k \log D$$

其中，k 是玻尔兹曼常量（$k=3.2983 \times 10^{-24}$ 卡/摄氏度），D 是所讨论物体内部原子无序性的定量度量。要想用简练的非专业术语对 D 这个量做出精确解释几乎是不可能的。D 所表示的无序性包含两方面：一是来自热运动的无序性，二是来自随机混合而非清晰分开的不同种类的原子或分子，如前面提到的糖分子和水分子。这个例子完美诠释了玻尔兹曼公式。随着糖分子在空间里所有水中逐渐"扩散"，D 增加，熵也随之增加了（因为 D 的对数随 D 增加而增加）。显然，提供热能会增加热运动的混乱程度，也就是说，D 会增加，从而熵也会增加。看看下面的例子你就会明白了：当晶体熔化时，由于原子或分子的整齐而持久的排列被破坏了，晶格变成了不断变化的随机分布。

　　一个孤立的或处于均匀环境中的系统（就目前的研究而言，我们最好把环境当作此系统的一部分），它的熵在不断地增加，或早或晚地趋于最大熵的惰性状态。现在我们认识到这个基本的物理定律正是，事物会自发地趋近混乱状态，除非我们主动干预。（正如图书馆中的书或摊在书桌上的一大堆论文和手稿也具有这样的趋势。不规则的热运动就好比我们时不时地去拿这些书，然后随手一放，不去费力收拾。）

从环境中汲取"有序"而得以维持的组织

　　我们如何用统计学理论来表述生命有机体的这种延缓向热力学平衡状态（死亡）衰退的奇妙能力呢？我们说过，"生命以负熵为生"，汲取负熵，以消除它生命活动中产生的熵增，并将自身稳定于一个平稳的低熵状态。

　　如果 D 是对无序性的度量，那么它的倒数 $1/D$ 就可以看作有序性的一个直接度量。由于 $1/D$ 的负对数正好是 D 的对数，所以玻尔兹曼方程可以写成：

$$-（熵）=k\log（1/D）$$

那么，"负熵"这个难以理解的说法，就能替换为以下这种稍好理解的表达：带负号的熵是对有序性的度量。因此，有机体使自身维持高度有序性（等于熵相当低的水平）的途径，便是不断地从周围环境中汲取"有序"。这个结论不会像它乍看起来那样充满矛盾，却可能会因被阐释得过于通俗而受到批评。确实，我们对高等动物赖以生存的那种有序性已经非常了解了，即作为食物，多少有些复杂的有机化合物中那种极为有序的物质状态。这些食物被利用完之后，会以一种高度降解的形式被返还——但并不是完全降解，因为植物仍然可以利用。（当然，对植物来说，阳光才是最强有力的"负熵"供应者。）

第六章的注释

"负熵"的说法遭到了物理学界同行的质疑和反对。首先我要说的是，如果想要迎合他们的心意，我就应该去讨论"自由能"了。这是他们比较熟悉的概念。但是，这个高度专业化的术语在语言上似乎太过接近"能量"这个词，普通读者无法区分两者之

间的差别。他们很可能会觉得"自由"只是个可有可无的修饰词
而已。但实际上"自由能"是一个相当复杂的概念，它与玻尔兹
曼的有序－无序原理的关系并不比熵和"取负号的熵"更容易理
解。顺便说一下，负熵并不是我发明的词，而恰恰是玻尔兹曼原
始理论的关键。

　　不过，F. 西蒙给我提出了非常中肯的意见：简单的热力学原
理无法解释为什么我们必须以有机化合物中那种"多少有些复杂、
状态极为有序的"物质为食，而不以木炭或金刚石为食。他说得
很对。对于普通读者，我有必要解释一下。物理学家认为，一块
未经燃烧的煤或金刚石，以及燃烧时所需的氧气，也都处于非常
有序的状态。证据就是：煤炭燃烧时会产生大量的热。通过将其
释放到周围环境中，系统就消除了因燃烧反应而产生的熵增，并
达到与之前大致相同的熵状态。

　　然而，我们无法以反应产生的二氧化碳为食。所以西蒙说得
很对，我们食物中的能量确实很重要，我不应该嘲讽菜单上标注
食物卡路里的做法。我们的身体在不断地消耗机械能，也在向环
境释放热能，这都需要通过能量来补充。释放热量并非偶然，而
是至关重要的。因为正是通过这个方式，我们才抵消了生命过程
中不断产生的多余的熵。

这似乎表明，体温较高的恒温动物能以较快的速度消除熵，从而拥有更加激烈的生命过程。我不知道这个推论在多大程度上是正确的（这个责任由我来承担，而不是西蒙）。也许有人会反驳说，许多恒温动物都用毛皮来防止热量迅速散失。所以，我所相信的体温与"生命强度"之间存在的相关性，前面第五章第十一节提到的范托夫定律也许可以给出更直接的解释：较高的温度本身就加速了生命活动中的化学反应。（事实上，这已经在对变温动物的实验中得到了证实。）

第七章

生命是以物理定律
为基础的吗？

WHAT IS LIFE ?

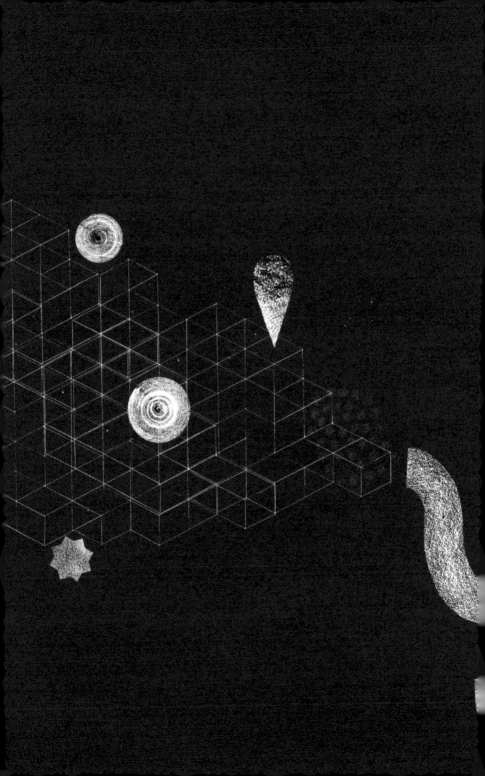

如果一个人从不自相矛盾的话，
那一定是因为
他其实从不说话。

——乌纳穆诺（引自其谈话）

有机体中可能存在的新定律

在这最后一章中，我想要明确表达的是，根据我们了解的关于生命物质结构的所有知识，我们极有可能发现它的运行无法归于普通的物理定律。这并不是说有什么"新力量"支配着生命有机体内单个原子的行为，而是因为它的构造不同于我们在物理实验室中测试过的任何物质。简单地说，一位只熟悉热力发动机的工程师在检查完电动机的构造后，会发现他并不了解电动机的工作原理。他原本熟悉的制锅用的铜被绕成了铜丝线圈，他熟悉的制作铁杆和汽缸的铁，被填充到了铜线圈的内部。他相信这是常规的铜和铁，依旧遵循着同样的自然规律。在这一点上，他是对的。然而，构造的差异足以使它们以完全不同的方式运作。他不会怀疑电动机是被幽灵驱动，因为按下开关之后它就会旋转，无须蒸汽。

生物学状况回顾

有机体生命周期中展开的事件，表现出了一种绝妙的规律性和有序性，这是我们见过的任何无生命物质都无法比拟的。这些事件由一系列高度有序的原子团控制，而这些原子团在每个细胞中只占原子总数的很小一部分。此外，从突变机制的观点来看，生殖细胞中"支配性原子团"内的少数几个原子的错位即足以导致有机体的宏观遗传性状发生切实变化。

这些都是当代科学向人们揭示的最有趣的事实。或许，我们最终会发现这些事实并非全然无法接受。有机体凭借惊人的天赋将"秩序流"集中在自身上，从而避免了其原子向混乱的衰退。这种从环境中"汲取有序性"的天赋似乎与"非周期性固体"，即染色体分子的存在有关。它们无疑是人类目前所知的有序度最高的原子集合体（比普通的周期性晶体的有序度更高）——基于其中每个原子和每个原子团各自发挥的作用。

简而言之，我们见证了现有的"有序"具有维持自身这种有序性并产生有序事件的能力。这听起来似乎有道理，那是因为我们借鉴了关于社会组织和有机体活动相关的其他事件的经验。这难免有点循环论证之嫌。

物理学状况概述

然而，对物理学家来说，这种事态不仅不是"看似"合理的，而且最激动人心之处在于，它是前所未有的。与普遍观念相反，由物理定律支配的规律性事件绝非原子高度有序的构型的结果，除非这种构型多次重复自身——像在周期性晶体、由大量相同分子组成的液体或气体中那样。

化学家在离体研究非常复杂的分子时，也总是遇到大量相似的分子。他熟知的化学定律适用于这些分子。例如，他可能会告诉你，某个特殊反应开始后一分钟，一半的分子会发生反应，再过一分钟，四分之三的分子会发生反应。但是，即使能对某个分子进行详细跟踪，他也无法预测这个分子是将会出现在发生反应的分子里，还是未发生反应的分子里。这是一个纯粹的概率问题。

这并非一个纯理论性的推测。不是说我们永远观察不到单个原子团，更甚者，单个原子的命运。有时，我们是可以观察到的，但只要我们去观察，发现的则都是完全的无规则性，只有平均来看才能产生规律。这样的例子我们曾在第一章中讨论过，悬浮在液体中的小颗粒的布朗运动是完全无规则的，但是如果有大量的相似微粒，它们就会通过不规则的运动产生规则的扩散现象。

单个放射性原子的裂变是可以观察到的（它会发出放射物，在荧光屏上产生肉眼可见的闪光）。但是，如果给你一个放射性原子，它可能的寿命要比健康的麻雀不确定得多。应该这么说：只要它活着（可能持续数千年），它在下一秒内爆炸的概率总是相同的，无论这概率有多大或多小。所以，虽然单个原子缺乏确定性，但大量同类放射性原子仍然展现出精确的指数衰变规律。

醒目的对比

在生物学中，情况则完全不同。只存在于一个副本中的单个原子团会产生有序事件，根据那些最为微妙的规律，这些事件彼此之间以及与环境之间都能神奇地协调一致。我之所以说只存在于一个副本中，是因为毕竟还存在卵子和单细胞生物。在高等生物发育的后期阶段，副本数量成倍增加。但增加到什么程度呢？据我所知，成年哺乳动物中副本数量可达 10^{14}。那是多少呢？仅为 1 立方英寸（约 1.6×10^{-5} 立方米）空气中分子数量的百万分之一。这个数量虽然非常大，但凝聚起来只不过形成一小滴液体。再看看它们实际的分布方式。每个细胞只含有一个这样的原子团（对二倍体来说，则是两个）。既然我们知道这个小小的中央机关在每个单独的细胞中的权力，那么这些细胞难道不像分散在身体各处的政府分支一样吗——彼此共用一套密码，非常顺畅地交流沟通。这个描述妙极了，倒有点像是出自诗人而非科学家之手。

然而，我们并不需要诗人的想象力，只要清晰的科学思考就可以认识到以下事实：我们面对的那些有序的规律性事件及其展开所遵循的，是一种完全不同于"物理学概率机制"的机制。我们观察到的情况是：每个细胞的指导原则都包含在一个原子集合体中，这个原子集合体只存在于一个副本（有时是两个）中，并且会生成一系列完美的有序事件。一个如此小而高度有序的原子团能以如此方式运作，无论我们是惊叹于其奇妙，还是持保留态度，这个现象本身都是史无前例的，并且只存在于生命物质中。研究无生命物质的物理学家和化学家，就从没见过必须以这种方式来诠释的现象。正因为此前没有见过，所以我们没有发展出解释它的理论——动人的统计力学理论。我们应为这个理论感到骄傲，因为它让我们看到了背后的东西，让我们观察到原子和分子的无序性产生了物理定律的动人的有序性；因为它告诉我们，最重要、最普遍、最全面的熵增定律是可以被我们理解的，无须任何特别的假设，因为熵增就是分子无序性本身。

产生序的两种方式

生命在展开过程中遇到的有序有不同的来源。有序事件的产生似乎存在两种不同的"机制"：一种是从无序中诞生有序的"统计学机制"，另一种则是从有序中诞生有序的新机制。对立场公正的人来说，第二个原理似乎更易理解，听起来也更合理。毫无疑问。正是因为这样，物理学家才会如此自豪地赞同第一种原理——"有序来自无序"。自然界实际在遵循此原理，而且仅这一条原理就可以解释大部分的自然事件，而其中处于首位的便是自然界的不可逆性。但我们不能指望由此原理得出的"物理定律"能直接解释生命物质的行为，因为这些行为最显著的特征在很大程度上依然建立在"有序来自有序"的原理之上。你不能指望两种完全不同的机制产生相同的定律，正如你自家的钥匙打不开邻居的家门一样。

因此，我们不必因普通物理定律无法解释生命而感到沮丧。因为就我们关于生命物质结构的知识而言，这是预料之中的事。我们必须做好准备，去发现一种普遍存在于生命体中且起支配作用的新的物理定律。如果我们不把它叫作超物理定律的话，也许可以称它为非物理定律？

新原理并不违背物理学

不，我并不这么认为。因为这个新原理是真正的物理原理：在我看来，这仅仅是再次提及量子理论罢了。为了解释这一点，我们必须花点时间，对前文的结论做一些修正——或者说改进，即所有物理定律都基于统计学。

量子理论的说法被一再提及，必然会引起争论。确实，很多现象的显著特征直接基于"有序来自有序"这个原理，而且看起来与统计学或分子无序性没有关系。

太阳系的秩序、行星的运动，几乎无限期地维持着它们一直以来的样子。此时此刻的星座与金字塔时代任一时刻的星座直接相关；从此时的星座可以追溯到彼时的星座，反之亦然。对古代日月食的计算结果与历史记录几乎完全一致，甚至还可以用来纠正已经公认的年表。这些计算之中并不包含任何统计学，仅以牛顿的万有引力定律为依据。

一台质量上佳的时钟或任何类似的机械装置的规则运动似乎也与统计学无关。简而言之，所有纯粹的机械事件似乎都明显而直接地遵循着"有序来自有序"的原理。这里所说的"机械"，指的是广义上的概念。例如，一种非常有用的时钟是基于发电站输出的规律性电脉冲运转的。

我记得，马克斯·普朗克写过一篇非常有趣的小论文，主题是"动力学类型和统计力学类型的定律"。两者的区别正是我们在此提到的"有序来自有序"和"有序来自无序"的区别。这篇论文的目的正是阐明控制微观事件（即单原子和单分子之间的相互作用）的动力学规律是如何构成控制宏观事件的统计学规律的。宏观的机械现象就属于动力学类型，例如行星或时钟的运行等。

因此，被我们视作真正了解生命线索的"新"原理，即"有序来自有序"，对物理学来说并不是全然新鲜的事物。普朗克甚至明确表示要维护它的优先性。我们似乎得出了一个荒谬的结论：理解生命的线索是基于纯粹的机械论，即普朗克论文中的"钟表式运行"。在我看来，结论并不荒谬，且并非完全错误，只是也不能全信。

时钟的运动

我们来精确地分析一下真实的时钟运行。它并非是一种纯粹的机械现象，因为纯粹的机械时钟不需要发条，也不需要上发条。一旦开始运动，它将永远运动下去。而一台没有发条的真实时钟在钟摆摆动几次之后就会停止，它的机械能量会转变成热能。这是一个无限复杂的原子过程。物理学家给出的常规描述，迫使他不得不承认逆向过程并非完全不可能：一台没有发条的时钟可能突然开始走动，通过消耗其自身齿轮及环境的热能来实现。物理学家肯定会说：时钟经历了比较激烈的布朗运动而猝发。在第二章中，我们已经看到，对非常灵敏的扭力天平（静电计或电流计）来说，这种现象总在发生。但对时钟来说，这当然绝不可能。

时钟的运行究竟是归类到动力学类型还是统计学类型（借用

普朗克的表述），这取决于我们的态度。如果说它是动力学现象，那么我们的关注点是，它的规则运行靠一根半旧的发条就可以做到，它能克服热运动引起的微小干扰，所以，这种干扰可以忽略不计。但是，你得记得，如果没有发条，时钟的运动会因摩擦阻力而逐渐减慢，那么这个过程只能被理解为一种统计学现象。

然而，无论时钟运行中的摩擦效应和热效应从实际的角度看来多么微不足道，不忽视这些效应的态度毫无疑问才是更为基本的科学态度，即便我们研究的是由发条驱动的时钟的规律运行，也该如此。驱动机制真的能消除过程中的统计学性质是绝不可信的。真正的物理图景包括了以下这种可能性：一台正常工作的时钟能立即逆转其运动，向后倒退，重新上紧自己的发条——以牺牲环境热能为代价。这个事件与没有驱动机制的时钟的"布朗运动猝发"相比，"可能性还是要小一些的"。

时钟的运行毕竟是统计学的

现在让我们来简要回顾一下。我们分析过的"简单"例子非常具有代表性，这些事例似乎都回避了普适的分子统计学原理。

由真正的实体物质（不同于想象的物质）构成的钟表的运行并非真正的"钟表式运行"。时钟突然间完全走错的概率极小，但这种可能性始终隐含于统计学的背景之中。即使在天体的运动中，摩擦和热的不可逆影响也是存在的。因此，地球的自转因为潮汐的摩擦力逐渐减慢，于是月球逐渐远离地球。如果地球是完全刚性的旋转球体，就不会发生这种情况。

尽管如此，"物理学的钟表式运行"仍然表现出非常突出的"有序来自有序"的特征——物理学家在有机体中发现这种特征时非常振奋。两者似乎真的存在某种共同之处。不过，究竟是什么样的共同之处，以及怎样的巨大差别造就了如此新奇而前所未有的有机体，还有待进一步研究。

能斯特定理

一个物理系统——任何原子集合体——什么时候才会显示出"动力学定律"（用普朗克的话说）或"钟表式运行的特点"呢？量子理论给出了非常简短的答案，在绝对零度时。当接近绝对零度时，分子无序性不会再对物理学事件产生任何影响。顺便说一句，这个事实并不是通过理论发现的，而是通过在很广的温度范围内研究不同温度下的化学反应，并将结果推导至零度（绝对零度实际上无法达到）后发现的。这就是著名的瓦尔特·能斯特"热定理"，亦无不当地被冠以"热力学第三定律"的美名（第一定律是能量原理，第二定律是熵原理）。

量子理论为能斯特的经验定律提供了理论基础，由此我们能够估计出，系统必须在多大程度上接近绝对零度，才会显示出近似于"动力学"的行为。在某一特定情况下，什么温度已经实际上相当于绝对零度？

千万别觉得一定得是非常低的温度。事实上，即使在室温下，熵在许多化学反应中所起的作用都已微不足道（让我提醒一下读者，熵是对分子无序性的直接量度，即无序性的对数）。当时，也正是这一事实给了能斯特灵感，从而推导出能斯特定理。

钟摆实际上可看作是处于绝对零度

那么钟摆呢？对钟摆来说，室温实际上就相当于绝对零度。这就是它能以"动力学"方式运作的原因。如果将其冷却，它会持续工作（如果你已经清除了所有的油痕迹！）。但是如果将其加热至室温以上，它不会再继续工作，因为它最终会熔化。

钟表装置与有机体之间的关系

这个问题看似无关紧要，却抓住了重点。钟表之所以能够以"动力学"的方式运作，是因为它是由固体制成的，这些固体通过海特勒 – 伦敦力保持着一定的形状，而这个力足以避免常温下热运动的无序趋向。

现在，我觉得还得多说几句，讲明钟表装置和有机体之间的相似点。简单说来，有机体也有赖于一种固体——形成遗传物质的非周期晶体，从而极大地摆脱了热运动的无序性。请不要怪我把染色体纤丝称为"有机体机器的齿轮"——至少不要在脱离这个比喻深奥的物理学依据的情况下责怪我。

不过，无须再费多少笔墨就能回顾两者之间的根本区别，并说明在生物学中，为何能用"新颖"和"前所未见"来形容上述比喻。

有机体最显著的特征是：第一，这种"齿轮"在多细胞机体中的奇特分布，关于这点可以参考本章第四小节中那段非常诗意的描述；第二，其中每一个"齿轮"都不是粗糙的人造品，而是循着上帝的量子力学路线完成的最精致的杰作。

论决定论与自由意志

WHAT IS LIFE ?

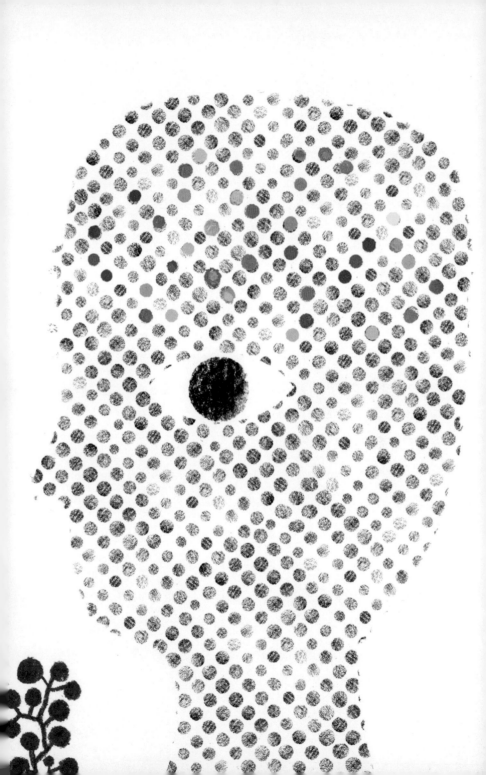

我已经平心静气地阐述了这个问题的纯科学方面，作为对这种辛劳的回报，下面请允许我从哲学的角度谈谈对这个问题的一些看法——当然都是主观看法。

根据前几章提出的论据，发生在生命有机体内，与其自身的意识活动、自我知觉或任何其他行为相对应（考虑到这些事件的复杂结构和公认的物理化学的统计学解释）的时空事件，即使不是严格决定论的，也至少在统计学意义上是决定论的。对于物理学家，我想强调的与某些人的观点相反，量子不确定性在这些事件中发挥不了生物学作用，这在任何情况下都是显而易见的，并形成共识。尽管量子不确定性也许加强了减数分裂、自然突变和 X 射线诱发突变这类事件的纯粹偶然性。

为了更好地论证，让我暂且把以上观点当作一个事实。如果不是因为"宣称自己是一台纯粹的机械装置"而产生的那种普遍的不愉快心情，我认为每一位不带偏见的生物学家都会认同以上观点。因为它与直接内省所导出的自由意志相抵触。

但是，各种直接经验本身，无论多么千差万别，看起来毫不相干，都不会在逻辑上互相矛盾。因此，让我们来看看，是否可以从以下两个前提中得出正确的、不矛盾的结论：

（一）我的身体，如同一台纯粹的机械装置，遵循自然界的定律运作。

（二）然而，凭借无可争议的直接经验，我知道我指导着我身体的行动，我可以预见到这些行为带来的结果，可能是决定性的、非常重要的，对这些结果，我会承担全部责任。

从这两个事实可以得出的唯一推论是，我（最广义的"我"，即每一个曾经说过或感觉到"我"的有自觉意识的智识个体）就是这个按照自然法则控制着"原子的运动"的人。如果存在这样一个人的话。

在特定的文化圈（Kulturkreis）中，某些概念（曾经或者仍然在其他民族中具有更广泛的含义）已经被限定并专业化了，在这种情况下，如果使用它简单而直接的含义，未免太鲁莽了。用基督教神学术语来描述我们刚刚得出的结论就是"因此我是全能的上帝"，但这话听起来像是精神错乱，而且亵渎了神灵。不过，请暂时忽略这些印象，考虑一下这是否是生物学家最为接近证明上帝和永生的一次推论。

其实，这种见解并不新鲜。据我所知，最早的记录可追溯到约 2500 年前，甚至更久以前。据古老的《奥义书》[1] 记载，印度人早就意识到"阿特玛"（ATHMAN）等同于"梵"（BRAHMAN）（即个人的自我等于无所不在、无所不包的永恒自我），这绝非亵渎神灵，而是对世间万物最深刻洞察的精髓所在。所有婆罗门吠檀多派[2]的学者习得这句话后，都努力将这种最伟大的思想融入他们的意识之中。

另外，许多世纪以来，相互独立彼此却又十分和谐（有点像理想气体中的粒子）的神秘主义者描述了他们生命中的独特经验，这些经验可以用一句话来概括：我已成神（DEUS FACTUS SUM）。

---

[1] 婆罗门教的经典之一，用散文或韵文阐发印度最古老的吠陀文献，是印度哲学的源泉。《奥义书》探讨了人生与宇宙的根源和关系，书中两个最重要的概念是"我"和"梵"。"梵"是《奥义书》唯心论哲学体系中的最高范畴，是绝对不二的本体。人类的我（个体灵魂）来自宇宙的我，即梵（宇宙灵魂）。"梵我同一"这个最高真理就是《奥义书》主要宣扬的观点。——译者注

[2] 吠檀多，在《梵书》《森林书》《奥义书》这三种吠陀文献中，《奥义书》是最后一部分，故又称为吠檀多，意为"吠陀之末"或"吠陀的终结"。——译者注

对西方意识形态来说，这种思想仍然是陌生的，尽管有叔本华[1]和其他哲学家的支持，尽管当相爱的两人互相凝视，他们意识到彼此的思想和喜悦不仅仅是相似或相同，而是融合为"一"。但他们往往由于情绪上过于波动而无法清晰地思考，这点和神秘主义者非常像。

请允许我再提出几点看法。意识体验永远不会以复数形式出现，只能以单数形式出现。即使在精神分裂或双重人格的病理情况下，两个人格也是交替出现，而不会同时出现。在梦中，我们会同时扮演几个角色，但并非毫无差别地扮演：我们只能是其中之一；以这个人的身份直接行动和说话，热切地期待另一个人的回应，殊不知我们也在控制这个回应的人的言行，如同我们控制自己一样。

众多性（《奥义书》的作者强烈反对这个观念）这一观念是如何产生的呢？意识发觉自己与一个有限区域内的物质（即身体）的物理状态密切相关，并依赖于它。（想想意识随身体发育的变化——青春期、成年期、老年期；或者想想发烧、中毒麻痹、麻

---

[1] 叔本华（1788—1860），德国著名哲学家，开创了非理性主义哲学的先河，也是唯意志论的创始人和主要代表之一，认为生命意志是主宰世界运作的力量。——译者注

醉、脑损伤等情况对意识的影响。）这个世界存在众多相似的肉体。因此，意识或思想的众多性似乎是一个非常顺理成章的假设。大概所有简单朴实的人以及绝大多数西方哲学家都愿意接受这种假设。

这几乎立即导致了灵魂的发明：有多少身体就存在多少灵魂。这同时也引发了一个疑问：灵魂是否和肉体一样会死亡？又或者灵魂是永生的，能够脱离肉体独自存在？前者令人不快，而后者却直接忘记、忽视或者说否定了众多性假设所依据的事实。还有人提出了更为愚蠢的问题：动物也有灵魂吗？甚至有人提出质疑：女人有灵魂吗？还是只有男人才有灵魂？

这些推论虽然只是试探性的，却必然会使我们怀疑这个被当作西方教会信条的众多性假设。如果我们摒弃某些显而易见的迷信的同时，却保留灵魂众多性的"天真"想法，还用"灵魂是会消亡的，并与身体一起湮灭"这种说法来"修补"灵魂众多性的假设，难道不是走向了更为荒谬的境地吗？

唯一的选择就是坚持相信直接经验：意识是单数的，复数的意识是未知的。也就是说，只有一种东西，看起来存在很多种，只不过是由幻觉（梵文 MAJA，意指"幻"）产生的同一种东西的不同方面而已。就好像站在一个有很多面镜子的长廊里，你会产生有很多个你的错觉。同样地，高里喀三峰（Gaurisankar）和珠穆朗玛峰其实是从不同山谷中看到的同一个山峰。

当然，我们脑海中还存在一些体系完整又深入人心的"坊间传说"，妨碍我们接受这种简单的认知。比如说，我的窗户外面有一棵树，但我并没有真正看到那棵树。通过某些机巧的方法，真正的树将它自身的形象投射到我的意识中，这就是我所感知到的。而我们只能探索到这个方法最初的简单几步。如果你站在我的身边，看着同一棵树，这棵树也会设法向你的意识投射一个形象。我看到了我的树，你看到了你的树（和我的树非常像）。而这棵树本身是什么，我们并不知道。对于这种夸张的言论，康德[1]是要负责任的。按照"意识是单数"这种主张，显然只有一棵树，什么投射的形象之类的说法都是"坊间传说"而已。

然而，我们每个人都有一种难以置疑的印象，即他自己的经验和记忆的总和形成了一个完全不同于其他人的统一体。他把它称为"我"，但这个"我"是什么呢？

———————

[1]　康德（1724—1804），德国哲学家。"物自身学说"是康德批判哲学的基本内容之一，它指认识之外的，又绝对不可认识的存在之物。康德承认自在之物是客观存在，却是人凭自己的认识能力所不能认识的。——译者注

如果你仔细分析，我想你会发现，"我"仅仅比个体资料（经验和记忆）集合多一点而已，就像一张聚集了这些数据的油画画布。而经过认真的内省，你会发现，你所说的"我"就是收集这些数据的基质而已。也许有一天，你来到了一个遥远的国度，再也见不到你的任何朋友，可能把他们都遗忘了；你结识了新的朋友，和他们分享生活中的点滴，就像过去和你的老朋友一样。当你过着新生活时，偶尔也会想起过去的生活，但这已经变得越来越不重要了。你也许会用第三人称来谈论"年轻时候的我"，可事实上，你正在阅读的小说中的主人公可能更贴近你的心，更鲜活、更熟悉。然而，这中间却没有中断，没有死亡。即使一个高超的催眠师成功地抹去了你以前所有的记忆，你也不会觉得他把你杀了。任何情况下，都不会有个人存在的失去来供我们哀悼。

永远也不会有。

关于后记的注

这里采用的观点与奥尔德斯·赫胥黎最近——且时机十分

合适地——出版的《长青哲学》（*The Perennial Philosophy*，London，Chatto and Windus，1946）是一样的。他这本迷人的作品非常恰切地阐明了这一事态，并解释了它为何如此难以把握且容易招致反对。

图书在版编目（CIP）数据

生命是什么：插图珍藏版 /（奥）埃尔温·薛定谔著；马岱姝绘；何玲燕译 . -- 长沙：湖南文艺出版社，2022.7

书名原文：What Is Life

ISBN 978-7-5726-0652-6

I.①生… Ⅱ.①埃… ②马… ③何… Ⅲ.①生命科学—研究 Ⅳ.①Q1-0

中国版本图书馆 CIP 数据核字（2022）第 066347 号

上架建议：畅销·科普

SHENGMING SHI SHENME: CHATU ZHENCANG BAN
生命是什么：插图珍藏版

作　　者：[奥]埃尔温·薛定谔（Erwin Schrödinger）
译　　者：何玲燕
绘　　者：马岱姝
出 版 人：曾赛丰
责任编辑：吕苗莉
监　　制：吴文娟
策划编辑：许韩茹　李甜甜　曾雅婧
营销编辑：闵婕　傅丽
封面设计：利锐
版式设计：利锐
内文排版：大汉方圆
出　　版：湖南文艺出版社
　　　　　（长沙市雨花区东二环一段 508 号　邮编：410014）
网　　址：www.hnwy.net
印　　刷：北京中科印刷有限公司
经　　销：新华书店
开　　本：855mm × 1180mm　1/32
字　　数：94 千字
印　　张：5.25
版　　次：2022 年 7 月第 1 版
印　　次：2022 年 7 月第 1 次印刷
书　　号：ISBN 978-7-5726-0652-6
定　　价：58.00 元

若有质量问题，请致质量监督电话：010-59096394
团购电话：010-59320018